YUEQIU DE GUSHI

本书编写组◎编

月球的故事

揭开未解之谜的神秘面纱，探索扑朔迷离的科学疑云；让你身临其境，受益无穷。书中还有不少观察和实践的设计，读者可以亲自动手，提高自己的实践能力。对于广大读者学习、掌握科学知识也是不可多得的良师益友。

WPC

广州·北京·上海·西安

世界图书出版公司

图书在版编目（CIP）数据

月球的故事/《月球的故事》编写组编. —广州：广东
世界图书出版公司，2009.11（2024.2 重印）
ISBN 978－7－5100－1196－2

Ⅰ. 月… Ⅱ. 月… Ⅲ. 月球－青少年读物 Ⅳ. P184－49

中国版本图书馆 CIP 数据核字（2009）第 204913 号

书　　名	月球的故事	
	YUEQIU DE GUSHI	
编　　者	《月球的故事》编写组	
责任编辑	陶　莎　张梦婕	
装帧设计	三棵树设计工作组	
出版发行	世界图书出版有限公司　世界图书出版广东有限公司	
地　　址	广州市海珠区新港西路大江冲 25 号	
邮　　编	510300	
电　　话	020–84452179	
网　　址	http://www.gdst.com.cn	
邮　　箱	wpc_gdst@163.com	
经　　销	新华书店	
印　　刷	唐山富达印务有限公司	
开　　本	787mm×1092mm　1/16	
印　　张	10	
字　　数	160 千字	
版　　次	2009 年 11 月第 1 版　2024 年 2 月第 12 次印刷	
国际书号	ISBN　978-7-5100-1196-2	
定　　价	48.00 元	

前　言
PREFACE

远古，我们的祖先就把探索的眼神投向天空，用既好奇又敬畏的心情注视着宇宙空间里那一轮明月。在科技不发达的过去，月亮常常被看做是个神秘的物体，拥有不可思议的神秘力量，人们对其充满了敬畏和遐想。

实际上，一直到20世纪中期，人们对月亮的敬畏之心还未完全褪去，还认为月球是个不可勘测的神秘天体，人类对其只能是可望不可及。随着科学技术的迅猛发展，人类征服世界的力量突飞猛进，月亮再也不是可望不可及的了，从伽利略第一次把简陋的望远镜转向月球到"阿波罗"登月计划的成功实施，人类终于圆了千年的奔月之梦。

如今，我们已经知道，月球是我们的近邻，是地球唯一的卫星，也是离我们最近的天体，而且还是至今为止人类研究最多、了解最详细，并且唯一探访过的地球外天体。

随着人类空间技术的进步，人类对月球研究的不断加深，以前一个个有关月球的疑问逐步被解开，然而，随之又有更多的疑惑出现，人类探索的脚步永远不能停止。

人类探索月球除了满足人类猎奇的心理外，还有更深远的意义，如今，地球资源正在以前所未有的速度被消耗，加之环境的不断恶化，人类的能源和生存环境遇到了极大的挑战，那么，月球能否适合成为我们新的能源基地和居住环境，目前还不能下结论，还需要对月球做进一步详细的勘察，如今，人类加紧了对月球的勘察脚步，并取得了不菲的成绩，仰望月球，登月旅游，这一切似乎已不再遥远。

希望这本书能帮助大家认识月球，了解月球与地球、与我们人类的关系，为更好地勘察、开发月球尽一份绵薄之力。

Contents

目 录

月球的地貌地形概况

月相、月食、日食常识

月球概述

YUEQIU GAISHU

月球是离人类最近的天体，也是人类亲身到过的除地球之外的第二个星体。从举头望明月到登月旅游，人类经过了上千年的等待，终于可以上九天揽月了。

月球是地球唯一的行星，但与地球却有着迥然的不同。从组成、结构、形状、质量、密度到气候、温度、湿度、运转轨道等等都有别于地球，但也正由于这些不同，才造就了魅力无穷、引人类遐想万千的明月。让我们从最基本的形状、面积、质量等可以反映月球概况的元素入手，去了解引领我们人类万千遐想的那一轮明月吧。

月球的形状、面积、质量

月球也称太阴，俗称月亮，是地球唯一的天然卫星。月球是最明显的天然卫星的例子。在太阳系里，除水星和金星外，其他行星都有天然卫星。

很早很早以前，人们晚间把眼睛转向天空，用既好奇又敬畏的心情注视着宇宙空间里我们的近邻——月亮。过去，它常常被看做是个神秘的物体或

美丽的月亮

力量源泉，是一位神，是天气乃至好运气或者坏运气的先兆。今天，用我们地球人的眼光看起来，它多半只是个带着诗情画意的美景，是夜空中的一盏明灯。

除了科学幻想小说中虚构的那些情节之外，实际上，直到20世纪中叶，人们还不认为月球是个可以进行现场探测的天体。可是，空间时代的到来改变了这一切，凭借迅猛发展的宇航技术，人们已经实现了自己的美好理想——把人送到月球上去。

皓月当空，月华如水，常令人思绪万千，遐想无限。我国自古流传着"嫦娥奔月"、"吴刚伐桂"等美丽神话。古希腊人把月球看做美丽的狩猎女神阿尔忒弥斯，并且把女神狩猎时从不离身的银弓作为月球的天文符号，记为"月牙形"。

月球本身不发光，也没有大气，太阳光照在月球表面，有的地方反光本领大，有的地方反光本领小，所以咱们就看到月面上有明有暗。"月里嫦娥"、"玉兔捣药"和"吴刚伐桂"都是由暗部的形状想象出来的。

当今大型天文望远镜能分辨出月面上约50米（相当于14层高楼）的目标。然而望远镜里的月球和神话中的月宫毕竟大相径庭，那是一个死寂的荒凉世界，并非广寒仙境。

荒凉的月球

　　月球的形状是一个浑圆的圆球，平均直径是 3 476 千米，大约是地球直径的 1/4。与美国领土相比，它可以从纽约一直跨到西部犹他州的盐湖城。月球的面积是 3 800 万平方千米，差不多是地球面积的 1/14，比亚洲的面积略大一些。月球的体积是 220 亿立方千米，地球的体积几乎比它大 49 倍。月球的质量大约等于地球质量的 1/81，也就是 7 350 亿亿吨。月球的平均密度是每立方厘米 3.34 克，仅仅相当于地球密度的 3/5。月球表面的重力加速度是 $1.62 \, m/s^2$，为地球表面的重力加速度的 1/6，即月球上的引力只有地球的 1/6，也就是说，6 千克重的东西到了月球上只有 1 千克重了，这意味着一个重 75 千克的人，到了月亮上就只有 12.5 千克的重量了。用一个简单的数学问题来打比喻，如果你在地球上能跳 1 米高，到了月球上，你就能跳 6 米高；在地球上你能举起 50 千克重的东西，在月球上你就能举起 300 千克。因此，人在月面上走，身体显得很轻松。踏上了月面的宇航员们在举起或者搬动那些从地球带来的仪器设备等的时候，不会遇到太大的困难。

▶▶▶ 知识点

重力加速度

　　重力加速度也叫自由落体加速度，是指地球表面附近的物体，在仅受重力作用时具有的加速度，重力加速度用 g 表示。

　　重力加速度的方向总是竖直向下的。在同一地区的同一高度，任何物体的重力加速度都是一样的。重力加速度的数值随海拔高度增大而减小。当物体距地面高度远远小于地球半径时，g 变化不大。而离地面高度较大时，重力加速度 g 数值显著减小，此时不能认为 g 为常数。国际上将在纬度 45° 的海平面精确测得物体的重力加速度 $g = 9.80665$ 米/秒^2，作为重力加速度的标准值。

月球的结构

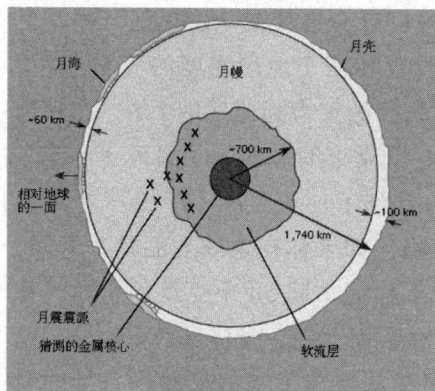

月球的内部结构

　　月球的年龄大约有46亿年。从月震波的传播，人们了解到月球也有壳、幔、核等分层结构。最外层的月壳厚60～65千米。月壳下面到1 000千米深度是月幔，占了月球大部分体积。月幔下面是月核。月核的温度约1 000℃，很可能是熔融的，据推测大概是由Fe－Ni－S和榴辉岩物质构成。同地球一样，月球的表面也覆盖着一层薄薄的土层，科学家称为月壤。通过对月壤的取样分析和研究发现：月壤是由角砾、沙、尘土构成。同时月面上的大部分地区还分布有一层厚度不一的月尘和岩屑。

月球的颜色

　　月亮看起来的颜色与它反射的太阳光穿透地球大气的情况有关。冬天时，月亮在天空中的位置比较高，它的光几乎直射地面，看起来它是白色或银色的。夏天时，月亮在离地平线不太高的天空部位穿越而过，它的光芒要穿过比较厚的大气层，才能到达地面，看起来它就是黄色或者橙色的。

　　"阿波罗"11号飞船的奥尔德林，是踏上月面的第二位宇航员。根据他近距离的实地观察，他认为月球的颜色是"略呈灰暗的可可豆色"，或者是"带很少一点的灰色"。

　　月球本身并不发光，只反射太阳光。月球亮度随日、月间角距离和地、月间距离的改变而变化，平均亮度为太阳亮度的1/465 000，亮度变化幅度从

1/630 000至1/375 000；满月时亮度平均为 –12.7 等（见）。它给大地的照度平均为 0.22 勒克斯，相当于 100 瓦电灯在距离 21 米处的照度。月面不是一个良好的反光体，它的平均反照率只有 7%，其余 93% 均被月球吸收。月海的反照率更低，约为 6%。月面高地和环形山的反照率为 17%，看上去山地比月海明亮。月球的亮度随而变化，满月时的亮度比上下弦要大十多倍。

月球的颜色

知识点

月 海

月海是指月球月面上比较低洼的平原。用肉眼遥望月球有些黑暗色斑块，这些黑暗色的斑块就是月海。月海是月球表面的主要地理单元，总面积上约占全月面的1/4，整个月球上共有 22 个月海。绝大多数月海分布在面向地球月球的正面；月球背面只有东海、莫斯科海和智海 3 个，而且面积很小。

月海的表层覆盖类似地球玄武岩那样的岩石，即月海玄武岩。

月球的表面

月球表面的主要地形构造是山脉、环形山和海。它们都早已被赋予了各种各样的名称。

由伽利略等科学家早期观测并予以证实的月海，一般都用拉丁名字来称呼，譬如：风暴洋（Oceanus Procellarum），雨海（Mare Imbrium），湿海（MareHumorum），云海（Mare Nubium），汽海（Mare Vaporum），静海（Mare rranquillitatis），丰富海（MareFoecunditatis），梦湖（LacusSomniorum）等。

在多数情况下，月面主要山脉都以地球上山脉的名字来命名，譬如：阿尔卑斯山脉、亚平宁山脉、高加索山脉、汝拉山脉、喀尔巴阡山脉、比利牛斯山脉等；也有以杰出天文学家和科学家的名字来命名的，譬如：莱布尼茨山脉和多费尔山脉。

环形山则一般以古代或者现代的著名科学家和哲学家等的名字来称呼，譬如：柏拉图、哥白尼、欧几里得、阿基米得、法拉第、卡文迪许、罗斯、皮克林、牛顿等。

月球近景

苏联根据第一批月背照片建立月背图的时候，为一些最明显的月面构造取了名字，譬如：莫斯科海、苏维埃山脉以及齐奥尔科夫斯基、洛蒙诺索夫、祖冲之环形山等。

以中国天文学家名字来命名的环形山有4座：祖冲之、石申、张衡和郭守敬。这些环形山都在月球背面。此外，有一座取名为万户环形山。"万户"是中国明代的一种官职，据说有一位曾担任过这种官职的人，最早试图用火箭推力把自己送上天去，结果他不幸在试验过程中牺牲了。

月球山脉很可能是在月球历史的早期形成的。那时月球正处在从液态变为固态的阶段，而它的内部刚处于熔融状态。由于逐渐冷却，月球表面产生褶皱和裂缝，像个干透了的李子。地球表面的山脉当初也是这样形成的。

前面说过，莱布尼茨山脉

月球表面的环形山

的最高峰在 9 000 米以上，这比地球上的最高峰——珠穆朗玛峰还要高些。有待进一步证实的计算结果表明，月球表面可能存在着一些比莱布尼茨还高些的山峰。

知识点

环形山

"环形山"通常指碗状凹坑结构的坑。月球表面布满大大小小圆形凹坑，称为"月坑"，大多数月坑的周围环绕着高出月面的环形山。

环形山的高度一般在 7～8 千米。环形山大小不一，直径相差悬殊，小的环形山直径不足 10 千米；大的环形山直径超过 100 千米。月面上最大的环形山为月球南极附近的"贝利环形山"，直径达 295 千米。月球上直径大于 1 000 米的月坑总数达到了 33 000 个以上，占月球表面积的 7%～10%；至于更小的、名副其实的月坑则无法计数了。

月球的景象

千百年来，人们只是在地球上赏月。当宇航员踏上了这个神秘星球的表面，一切都是那么新奇有趣。由于没有大气，声音在月面上无法传播，到处是一片寂静。这里根本没有嫦娥起舞的身影，更没有广寒宫可居住。这里不是什么天堂，而是满目荒凉、没有任何生命存在的地方。

月球上没有大气，没有水，也就没有地球上的风化、氧化和水的腐蚀过程。月面岩石犹如一部天书，记载着几十亿年来月球的演化和变迁。月球上现在的火山活动、陨石撞击、太阳风和宇宙射线的直接辐射等，都可以从月岩和月壤中找到踪迹。

站在月球上，首先会感到月面天地狭小，没有地球上天、地之间那么深远开阔，这是因为月球的体积比地球小得多。站在月球上，一般人看到的月平视距只有 2.5 千米，而在地球上看到的地平视距离是 5 千米。

从月球上看到的景色

在明亮的阳光照射下，月球到处是裸露的岩石和环形山的侧影。从月面结构中，我们可以见到起伏的山峦、崎岖的高地、广阔的平原、深长的沟壑、险峻的山脊和断崖。整个月面覆盖着一层碎石粒和浮土，到处千疮百孔。

月面天空中巨大的蔚蓝色的星球，光色皎洁，美丽而又亲切，它就是人类的摇篮——地球。在这里见到地球时，应是抬头望地球，倍感思故乡。地球上被太阳照亮的白天部分和黑夜部分显得十分明显。

在月球上看到的地球也有类似地球上看到的月球一样的位相变化。在阳光照射下，地球上淡蓝色的大气层里缭绕着片片白云，深蓝色的是海洋，褐色的是陆地，覆盖着白色冰雪的是极地。在月球上见到的地球圆面，要比在地球上见到的满月大 14 倍。再加上地球大气反射阳光的本领很强，因此，在月球上见到的地球要比在地球上见到的满月明亮 80 多倍。可以想象，在地光之下看书是不成问题的。还有一种奇特的现象，那就是在月球上看到地球的地方，只要观测者不动，会觉得地球总在天空中，没有升起和落下的现象，基本上不动。为什么会有这种现象？前面已经讲过了，这是因为月球总以同一面对着地球的缘故。

在月球上看到的星星和太阳也是基本不动吗？不。月球有自转，但是自转很慢，星空沿着和月球自转方向相反的方向缓慢移动。星星和太阳都是有升有落的。月球上的一昼夜相当于地球上的 29.5 天。

因为月球上没有光，天空永远是一片漆黑，太阳和星星可以同时出现；星光一点也不闪动；阳光要比地球上强烈得多。这里还没有云雾，没有晚霞和曙光；没有风、雨、雷、闪电，永远是晴天，因此在这里天气预报是没有意义的。在月球上看到的星座和在地球上看到的星座没有什么变化。但是在地球上看到的北极星在月球上却失去了意义。另外，在月球上不能用指南针

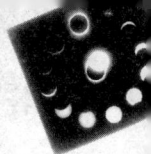

辨别方向，因为月球的磁场非常微弱。那么，宇航员靠什么辨别方向呢？从目前看，宇航员是根据日晷仪被太阳投出的影子推算方向的。

因为月球上的重力加速度比较小，因此脱离月球的"逃逸速度"也比较小，据测量是地球的 1/5，其值的大小是2.4 千米/秒，使得在月球上的宇航员离开月球比较方便，所

月球上看到的地球

以登月成功着陆的宇航员在月球上，其前进好像袋鼠一样向前跳跃着前进。正因为其"逃逸速度"比较小，给月球带来了可怕的不良效应：月球上根本没法吸引其周围的大气，也就不可能有雨、雪、冰、霜、雾等的产生和变化，使月球成为奇特的荒漠世界。

月球的组成

地球上的金属资源正在逐步减少，我们不能等待千年之后有朝一日全部资源都消耗殆尽的时候，再来想办法。一些政府和工业部门已经把眼光转向月球，希望将来有一天能开采月球矿藏，为地球提供所需要的原材料。

"阿波罗"宇宙飞船的宇航员们，曾从月球带回来了月球岩石和土壤标本，科学家们很早就把它们与早些时候由"勘测者号"等探测器获得的资料进行对比研究，发现地球玄武岩中包含着的那些宝贵成分，在月球上也都有。在地球实验室里被做过分析研究的那些月球岩石，多数是玄武岩，它们与地球玄武岩的不同之处在于所含的钛和铁等成分较多，而氧、水分和易挥发物质较少。

45 亿年前，月球表面仍然是液体岩浆海洋。科学家认为组成月球的矿物克里普矿物（KREEP）展现了岩浆海洋留下的化学线索。KREEP 实际上是科

学家称为"不兼容元素"的合成物——那些无法进入晶体结构的物质被留下，并浮到岩浆的表面。对研究人员来说，KREEP 是个方便的线索，说明了月壳的火山运动历史，并可推测彗星或其他天体撞击的频率和时间。

月壳由多种主要元素组成，包括：铀、钍、钾、氧、硅、镁、铁、钛、钙、铝 及氢。当受到宇宙射线轰击时，每种元素会发射特定的伽马辐射。有些元素，例如：铀、钍和钾，本身已具放射性，因此能自行发射伽玛射线。但无论成因为何，每种元素发出的伽马射线均不相同，每种均有独特的谱线特征，而且可用光谱仪测量。直至现在，人类仍未对月球元素的丰度作出面性的测量。现时太空船的测量只限于月面一部分。

月球有丰富的矿藏，据介绍，月球上稀有金属的储藏量比地球还多。月球上的岩石主要有三种类型，第一种是富含铁、钛的月海玄武岩；第二种是斜长岩，富含钾、稀土和磷等，主要分布在月球高地；第三种主要是由 0.1 ~ 1 毫米的岩屑颗粒组成的角砾岩。月球岩石中含有地球中全部元素和 60 种左右的矿物，其中 6 种矿物是地球没有的。

月球的矿产资源极为丰富，地球上最常见的 17 种元素，在月球上比比皆是。以铁为例，仅月面表层 5 厘米厚的沙土就含有上亿吨铁，而整个月球表面平均有 10 米厚的沙土。月球表层的铁不仅异常丰富，而且便于开采和冶炼。据悉，月球上的铁主要是氧化铁，只要把氧和铁分开就行。此外，科学家已研究出利用月球土壤和岩石制造水泥和玻璃的办法。在月球表层，铝的含量也十分丰富。

月球土壤中还含有丰富的氦 3，利用氘和氦 3 进行的氦聚变可作为核电站的能源。这种聚变不产生中子，安全无污染，是容易控制的核聚变，不仅可用于地面核电站，而且特别适合宇宙航行。据悉，月球土壤中氦 3 的含量估计为 715 000 吨。从月球土壤中每提取 1 吨氦 3，可得到 6 300 吨氢、70 吨氮和 1 600 吨碳。从目前的分析看，由于月球的氦 3 蕴藏量大，对于未来能源比较紧缺的地球来说，无疑是雪中送炭。许多航天大国已将获取氦 3 作为开发月球的重要目标之一。

月球表面分布着 22 个主要的月海，除东海、莫斯科海和智海位于月球的背面（背向地球的一面）外，其他 19 个月海都分布在月球的正面（面向地球的一面）。在这些月海中存在着大量的月海玄武岩，22 个海中所填充的玄武

岩体积约 1 010 立方千米，而月海玄武岩中蕴藏着丰富的钛、铁等资源。假设月海玄武岩中钛铁矿含量为 8%，或者说二氧化钛含量为 4.2%，则月海玄武岩中钛铁矿的总资源量为 $1.3 \times 10^{15} \sim 1.9 \times 10^{15}$ 吨，尽管这种估算带着很大的推测性与不确定性，但可以肯定的是月海玄武岩中丰富的钛铁矿是未来月球可供开发利用的最重要的矿产资源之一。

克里普岩是月球高地三大岩石类型之一，因富含钾、稀土元素和磷而得名。克里普岩在月球上分布很广泛。富含钍和铀元素的风暴洋区的克里普岩被后期月海玄武岩所覆盖，克里普岩混合并形成高灶和铀物质，其厚度估计有 10～20 千米。风暴洋区克里普岩中的稀土元素总资源量约为 225 亿～450 亿吨。克里普岩中所蕴藏的丰富的钍、铀也是未来人类开发利用月球资源的重要矿产资源。此外，月球还蕴藏有丰富的铬、镍、钠、镁、硅、铜等金属矿产资源。

知识点

月球上的水

1998 年，"月球勘探者"号探测器发现月球两极存在大量液态水，它们分布在月球北极近 5 万平方千米和南极近 2 万平方千米的范围内。如果月球陨石坑底部土壤水层非常深厚，那么月球上的水资源储量最终有可能达到 13 亿吨。

在月球上发现液态水是件非常有意义的事情，科学家们认为，即使月球水的储量只有 3 000 万吨，也足以保证 2 000 人在月球上生活 100 多年，而且从月球的土壤中提取水是一个"简单"的过程，将混有冰的泥土收集起来加热，使冰融化后便可得到水。这些水不仅能供给宇航员饮用和生活之用，使他们在月球上的持续停留时间更长，还可以在太空栽培农作物或喂养动物；水又是一种动力源，可以分解为氢和氧，为行星探测飞船提供燃料，大大延长飞船的使用寿命，另外，有了水，科学家可以更加方便地开发月球上的各种自然资源，还有可以大大拓展人类研究月球的成因和性质等等。

月球的温度

地球每 24 小时绕轴自转一周，因此，平均说起来，地球上的白天和黑夜各 12 小时。月球绕地球公转的周期为 27.3 地球日，在此期间，它也刚好绕轴自转一周。这么说来，1 个月球日约相当于 14 个地球日，1 个月球夜的长短也是这样。

月球被照亮的一半

显而易见的是，总是有半个月球老是被太阳照亮着，这跟地球的情况是一样的，所以，半个月球是白天时，另外半个月球是黑夜。

由于月球上没有大气，再加上月面物质的热容量和导热率又很低，因而月球表面昼夜的温差很大。月球上的白天时，月面完全暴露在强烈的太阳光下，表面温度可以达到 127℃ 以上，比地球上水的沸点还高。月球的夜晚，温度可降低到零下 183℃。这些数值只表示月球表面的温度。用射电观测可以测定月面土壤中的温度，这种测量表明，月面土壤中较深处的温度很少变化，这正是由于月面物质导热率低造成的。

由于月球上没有大气，热量既不会被吸收，也不会向四周传递开去，因此，即使是在阳光照耀下的一大块岩石，其背着太阳的阴影部分的温度，如同在黑夜里一样。换句话说，如果你在月球上选择那么一个地方，使你的右脚在太阳光的照耀下，而你的左脚在阴影里，那么，你的右脚就会被烤到127℃，而左脚则被冻到－183℃。不必为宇航员们担心，他们穿着的宇航服有28层厚，可以防护外界的极热和极冷对身体的影响。

月球的运动

月球每天东升西落的运动是地球自转的反映。月球本身还在恒星间自西向东运动，这种运动是月球围绕地球公转的反映。如果在几小时内连续观察月球相对于某一亮星的相对位置，就会觉察出月球不断地向东移动：每小时大约移动半度，每天移动13°。经过27.3217，即27日7时43分12秒，完成一次周期运动。

由于太阳的引力作用，月球的轨道不断在变化，白道和黄道的交点不断地沿黄道向西（和月球公转方向相反）移动，每年约19°4′。经过18.6年，交点沿黄道运行一周，所以月球每次公转都沿着新的途径。此外，月球轨道的偏心率、月球轨道拱线也在变化。月球在轨道上各点还有大小不同的加速度和减速度。所以，月球的运动是非常复杂的。

从地球眺望月亮，似乎觉得月球并没有自转，因为它总是以同一面向着地球的，因为总是看到同样的斑点，即"吴刚砍伐桂树"。其实这一点正说明月球在自转，其自转周期恰好与它的公转周期相等：假设月亮公转与自转相等，当月球经过它的轨道的1/4时，它本身也自转了90°的弧，此时月球上的斑点恰好正对着地球了；反之，倘若月球不自转，那么从地球上看月亮的斑点，它将每月转动一周，就不会总是看到月球上同样的斑点。

月球绕地球旋转叫月球的公转。月球的运动是自西向东的，它的轨道同所有天体的轨道一样也是椭圆状的，距地球最近的一点叫近地点，而离地球最远的那一点叫远地点。这个轨道平面在天球上截得的大圆称"白道"。白道平面不重合于天赤道，也不平行于黄道面，而且空间位置不断变化。周期173

日。月球轨道（白道）对地球轨道（黄道）的平均倾角为5°09′。

月亮向西运动的证据是它每次西沉的时刻平均要推迟49分钟，若相对恒星来说，它的运动周期约27.3天，但与此同时，地球本身也在绕日的轨道上前进了一段距离，因此月亮要完成它的一个相位周期，即从新月开始经满月又回到新月就应再增2天多，共计约29.53天。因此，相对于背景星空，月球围绕地球运行（月球公转）一周所需时间，即月亮的恒星运动周期约27.3天，称为一个恒星月；而新月与下一个新月（或两个相同月相之间）所需的时间，即相对日地连线的运动周期约29.53天，称为一个朔望月；朔望月便是月份的依据。

月球约一个农历月绕地球运行一周，而每小时相对背景星空移动半度，即与月面的视直径相若。与其他卫星不同，月球的轨道平面较接近黄道面，而不是在地球的赤道面附近。

很多人不明白，为什么月球轨道倾角和月球自转轴倾角的数值会有这么大的变化。其实，轨道倾角是相对于中心天体（即地球）而言的，而自转轴倾角则相对于卫星。

月球的轨道平面（白道面）与黄道面（地球的公转轨道平面）保持着5.145396°的夹角，而月球自转轴则与黄道面的法线成1.5424°的夹角。因为地球并非完美球形，而是在赤道较为隆起，因此白道面在不断进动（即与黄道的交点在顺时针转动），每6 793.5天（18.5966年）完成一周。期间，白道面相对于地球赤道面（地球赤道面以23.45°倾斜于黄道面）的夹角会由28.60°（即23.45°+5.15°）至18.30°（即23.45°−5.15°）之间变化。同样的，月球自转轴与白道面的夹角亦会介乎6.69°（即5.15°+1.54°）及3.60°（即5.15°−1.54°）。月球轨道这些变化又会反过来影响地球自转轴的倾角，使它出现±0.00256°的摆动，称为章动。

白道面与黄道面的两个交点称为月交点——其中升交点（北点）指月球通过该点往黄道面以北；降交点（南点）则指月球通过该点往黄道以南。当新月刚好在月交点上时，便会发生日食；而当满月刚好在月交点上时，便会发生月食。

我们看月球，月面总是呈现出同样的外貌，即是说，月球在围绕地球公转时，总是以同一面对着地球。这种现象的产生说明月球有自转运动。月球

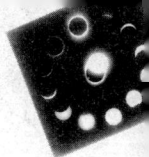

在绕地球公转的同时进行自转，周期是 27.32166 日，正好是一个恒星月，自转方向与周期和地球公转的方向与周期是相同的。由于月球自转周期和地球公转周期相等，所以从地球上只能看到朝向地球的半个月面，无法看到月球背面。这种现象我们称"同步自转"，几乎是卫星世界的普遍规律。一般认为是行星对卫星长期潮汐作用的结果。

在月球上，一昼夜大约等于一个月。为什么月球的自转周期这么长呢？这是由于地球对月球的引潮力长期作用的结果。地球的引潮力使月球向着地球的方向上隆起（潮汐），当月球自转时，月球隆起部分受到地球的引力，仍然保持朝向地球，这种转动方向和月球自转方向相反，这种作用叫潮汐摩擦。潮汐摩擦力在很长时期内不断作用着，逐渐使月球的自转变慢，直到隆起部分永远朝向地球，这时月球的自转周期等于月球的公转周期。

▶▶▶ 知识点

月球的天秤动

月球在围绕地球公转过程中，朝向我们的月面呈现出一种左右、上下的摆动。月球围绕地球的轨道为同步轨道，所谓的同步自转并非严格。由于月球轨道为椭圆形，在近地点运动快，在远地点运动慢。当月球处于近地点时，它的自转速度便追不上公转速度，因此我们可见月面东部达东经98°的地区；相反，当月球处于远地点时，自转速度比公转速度快，因此我们可见月面西部达西经98°的地区。月球公转速度的这种变化就会使地球上的观察者有时看见月面西边缘之外的一小部分，有时能看见月面东边缘之外的一小部分（经度天秤动）。月球的自动轴不和公转轨道垂直，而是成83°21′的倾角。在月球公转过程中，月球自转轴的北端和南端轮流朝向地球，这也会使地球上的观察者有时能直接看到月球北极之外的一小部分，有时又能看到月球南极之外的一小部分（纬度天秤动）。

天秤动是一个很奇妙的现象，由于天秤动的现象，使我们看到的月面不只是一半，而是整个月面的59%，即整个月面的3/5。

月球的磁场

　　早期的月球专家表示，月球的磁场很弱或根本没有磁场，而月岩的样品显示它们被很强的磁场磁化了。这对 NASA 的科学家们又是一次冲击，因为他们以前总是假设月岩是没有磁性的。这些科学家无法解释这些强磁场的来源。

　　在对美国阿波罗号宇航员从月球上带回的岩石的研究中，科学家们发现，月球周围的磁场强度不及地球磁场强度的 1/1 000，月球几乎不存在磁场。但是，研究表明，月球曾经有过磁场，后来消失了。

　　月球磁场从其诞生之后的 5 亿～10 亿年开始，直至 36 亿～39 亿年期间，是有磁场的。但是，当它出现了 6 亿～9 亿年之后，磁场却突然消失了。地球的磁场起源于地球内部的地核。科学家认为，地核分为内核和外核，内核是固态的，外核是液态的。它的粘滞系数很小，能够迅速流动，产生感应电流，从而产生磁场。也就是说，所有的行星其磁场都是通过感应电流作用才产生的。

　　对月球表面岩石的分析结果显示，月球不存在可以产生感应电流作用的内核。相反，所有的证据表明，月球的表面是一个已经溶解的外壳，是由流动的熔岩流体形成的"海"，后来因冷却变成了现在这副模样。最初，几乎所有的天文学者都以为人类在月球上找到了海，其实月球上发暗的部分，正是熔岩流体冷却形成的。那么，磁场到底是从哪里产生的呢？美国加利福尼亚大学地球行星系的思德克曼教授率领的物理学专家组针对这一专题进行了三维模拟试验。经试验，他们终于得出了结论。据该小组介绍：体轻且流动的岩石，形成了熔岩的"海洋"，它们在从下面漂向月球表面的时候，在其表面之下残留了大量的类似钍和铀一样的重放射性元素。这些元素在崩溃时放出大量的热，这些热量就像电热毯一样，加热了月球的内核。被加热的物质与月球的表面形成对流，从而产生了感应电流作用。此时，也就产生了月球磁场。但是，当放射性元素崩溃超越一定时点时，对流现象中止，于是感应电流作用也随之消失。正是由于这样的变化，才最终导致月球磁场的消失。

知识点

月 岩

月岩即月球表面的岩石。自 1969 年美国"阿波罗"11 号宇宙飞船登月以来，共采回 380 多千克月岩样品。

月岩按样品的结构和成因可分为 3 类：结晶质火成岩、角砾岩、月壤或月尘。

结晶质火成岩包括极细粒的多孔状岩石和中粒等粒岩石，它们是在月球表面或其附近由岩浆直接结晶和固化形成的。

角砾岩包括从细粒的微角砾岩到含有大的火成岩碎块的碎屑岩。

月壤或月尘是未黏接的颗粒物质，月壤是陨石体多次撞击的产物，其厚度可达几米，主要由晶质颗粒与较大的火成岩碎块、玻璃质碎片及微量金属颗粒组成。月尘即月球表面上的尘土。

月—地距离

月球是离我们最近的一个天体，1957 年科学家测量得知：月球距地球为 384 402 千米。后来随着社会的进步，科学技术的发展，不久"激光"技术问世，再加之"阿波罗"号宇宙飞船的登月成功，地球上的宇航员在月面上安装了激光反射器，用激光技术测得更加准确的月地距离，其误差仅仅相差 8 千米左右，而且月球运行的轨道是椭圆形的，因而月球距地球的距离是随时间的变化而变化的。根据科学测定，在近点时距离地球为

月球的样子

363 300 千米，在远地点时，距离地球为 405 500 千米。月球中心与地球中心的平均距离只有 38.44 万千米，相当于地球半径的 60 倍，或相当于 9 次多环球旅行的行程。

⋯⋯▶▶ 知识点

第一次月地距离测量

第一次测量月地距离的人是古希腊人喜帕恰斯。他利用月食测量了月地距离。当时希腊人已经意识到，月食是由于地球处于太阳和月亮中间，地影投射到月面上造成的。根据掠过月面的地影曲线弯曲的情况，能显示出地球与月亮的相对大小，再运用简单的几何学原理，便可以推算月亮到地球的距离。喜帕恰斯得出，月亮到地球的距离几乎是地球直径的 30 倍。假若他采纳了埃拉特塞尼的地球直径数字，那么月亮到地球的距离是 381 000 千米，和今天采用的数字很相近。

月—地之间的作用

地球与月球互相绕着对方转，严格来说，地球与月球围绕共同质心运转，共同质心距地心 4 700 千米（即地球半径的 2/3 处）。由于共同质心在地球表面以下，地球围绕共同质心的运动好像是在"晃动"一般。从地球北极上空观看，地球和月球均以逆时针方向自转；而且月球也是以逆时针绕地运行；甚至地球也是以逆时针绕日公转的。

自月球形成早期，地球便一直受到一个力矩的影响引致自转速度减慢，这个过程称为潮汐锁定。亦因此，部分地球自转的角动量转变为月球绕地公转的角动量，其结果是月球以每年约 38 毫米的速度远离地球。同时地球的自转越来越慢，一天的长度每年变长 15 微秒。

月球的正面永远都是向着地球，其原因是潮汐长期作用的结果。另外一面，除了在月面边沿附近的区域因天秤动而中间可见以外，月球的背面绝大

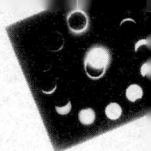

部分不能从地球看见。在没有探测器的年代，月球的背面一直是个未知的世界。月球背面的一大特色是几乎没有月海这种较暗的月面特征。而当人造探测器运行至月球背面时，它将无法与地球直接通讯。

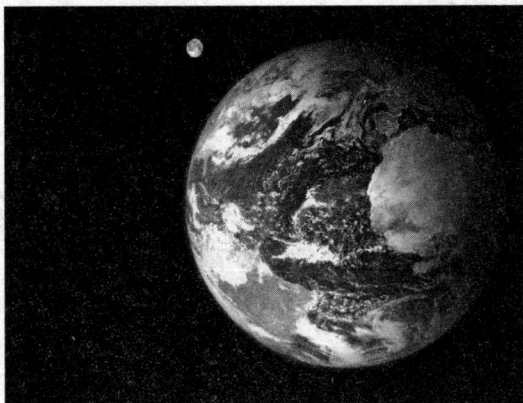

如果你到过海滨，你一定会注意到海水每天的涨潮和落潮。在涨潮时，海水有时会涨起来好几米到十来米。几个小时之后，开始落潮，留下了一片空旷的海滩。海水的涨落主要受月球引力的影响，太阳的影响比较小。

地球与月球

在新月和满月阶段，地球、太阳和月球三者在一条直线上，月球和太阳对地球的引力相加，引起特别高的高潮，叫做大潮。月球呈现为上弦或下弦的位相时，月球和太阳的方向在地球处形成直角，这时，月球和太阳对地球的引力有所抵消，其结果是地球上出现较低的低潮，叫做小潮。

由于亿万吨海水不断地流过来、流过去，对海洋底部产生不小的摩擦，它好比是个加在地球自转速率上的制动器。地球自转变慢了，日的长度就加长，其结果是大约每 10 万年加长 1 秒。

月球形成假说
YUEQIU XINGCHENG JIASHUO

千百年来，人类对月球的起源就充满了疑问。随着科学技术的突飞猛进，人造地球卫星技术、无线电技术、激光技术和计算机技术等对月球作了进一步的测量和考察，取得了大量更加新的、更丰富的资料。

尽管如此，对"月球起源"这个十分古老的问题，今天的天文学家仍然是众说纷纭，难以做出最后的确定。

月球到底是怎样形成的？撇开人类早期那些不着边际的神话，如果将18世纪以来的月球起源假说归纳起来，可以分为五种，即同源说、分裂说、俘获说、大碰撞假说和月球行星论。

最早出现的假说——同源说

同源说是最早出现的一种月球起源假说，它主张月球和地球具有相同的起源。18世纪法国天文学家布丰是这类起源说的最早代表。布丰认为：太阳系的所有天体起源于一次彗星对太阳的猛烈碰撞所撞下来的太阳碎块。稍后，德国的康德和法国的拉普拉斯提出了著名的太阳系起源的"星云说"，认为月

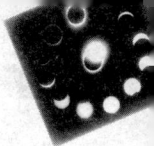

球和地球都是同一团弥漫物质形成的。这团弥漫物质的大部分形成地球，小部分形成月球，或者地球形成后剩余的物质形成了月球。按照这种理论，地球的年龄和月球的年龄应该不相上下。

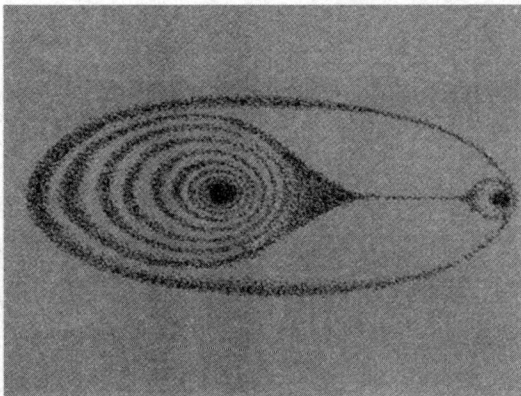

近年来，科学家对"阿波罗"号宇航员们从月面采集的月岩样品作了放射性年代测定，结果证明，月球形成的时

地月同源说

间和地球形成的时间相同，即都形成于46亿年前。在这一点上，同源说获得了实验的支持。但同源说却无法解释为什么具有相同起源的地球和月球，在物质组成上有显著的差异？它们的密度为什么不同？它也无法解释，与太阳系其他行星的卫星相比，月球所具有的一系列特征。譬如，其他卫星与中心行星的质量比都小于1/10 000，而月球与地球的质量比却高达1/81，这在太阳系中没有第二例。同源说显然要对太阳星云中的地月形成区情况作相当多的规定才行。

●┅┅▶▶ 知识点

布丰与月球"同源说"

布丰是现代进化论的先驱者之一，发表了不少的进化论点。他的最大的科学成就就是撰写了博物学巨著《自然史》。该书包括《地球形成史》、《动物史》、《人类史》、《鸟类史》、《爬虫类史》等。就是在该书的第一卷《地球形成史》中的《地球的理论》中，布丰提出了著名的地球、月球"同源说"。认为地球与月球是太阳与彗星相撞击而分离出的一个块体，逐渐冷却而成。尽管布丰用的是假设的语气，并用造物主和神灵来掩盖自己的进化论，但是还是不可避免地受到了教会的围攻。

罗曼蒂克的假说——分裂说

英国著名生物学家、"进化论"创始人达尔文之子乔治·达尔文，是英国剑桥的一位天文学家。他在研究地—月间的潮汐影响时，注意到由于潮汐作用，地球的自转速度在逐渐变慢，月球在逐渐远离地球。他由此推断月球在远古时一定离地球非常近。达尔文在 1879 年发表了题为《太阳系中的潮汐和类似效应》的文章，提出月球在形成之前是地球的一部分。他认为，在太阳系形成初期，地球还处于熔融状态时，地球的转速相当高，以致有一部分物质被从赤道区甩了出去。后来，这部分物质演化成为今天的月球，甚至还认为太平洋就是月球分出去后留下的疤痕。

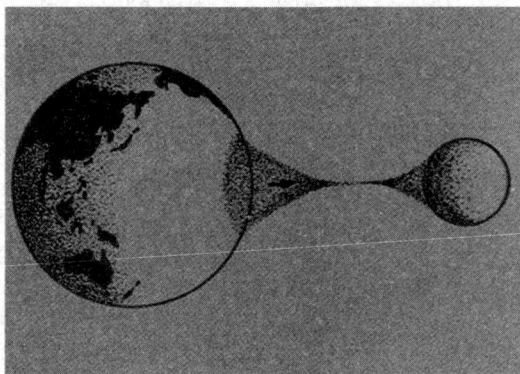

地月分裂说

有不少人支持达尔文的观点。据计算，月球的物质刚好能填满太平洋。支持者们认为，分裂出去的是上地幔物质，因此月球没有地球那样的金属核，密度与地壳接近也就变得合情合理了。另外，现代激光测距定出月球每年远离地球 5 厘米，因而在遥远的过去，月球确实离地球近多了。

但是，这个罗曼蒂克的假说也遇到了重重困难。譬如，马尔科夫在研究太阳系中各天体时，注意到天体的扁率与它的自转速度、密度有关。要使地球上的物体在离心力作用下飞离出去，地球的自转速度必须是现在的 17 倍。然而根据地—月系现状和角动量守恒定律，推算出的 46 亿年前的地球自转率并不是那么快。况且，如果月球是从地球上飞出去的，那么，月球的轨道应该位于地球的赤道面上，而事实却不是这样。另外经过研究证明，熔融状态的地球根本不可能分出一部分物质去。即使退一步说，月球是从地球分裂出去的，那么在刚分出去的时候，

也一定会受到地球的引力作用而产生很大的潮汐，最后还是会重新落到地球上来的。再有，对太平洋底部的研究，证明它和其他海洋底部的结构相同，由洋底沉积的厚度及沉积速度来看，太平洋的年龄只有 1 亿年，和月球的年龄相差悬殊。

▶▶▶ 知识点

潮汐作用

潮汐是指因月球和太阳对地球各处引力不同所引起的水位、地壳、大气的周期性升降现象。海洋水面发生周期性涨落现象称为海潮；地壳的相应现象称为陆潮（又称固体潮）；大气的相应现象称为气潮。

在天文学中，潮汐这一概念已经引申到天体的研究中，成为研究天体的形状、距离、运动和演化不可缺少的因素。通常把月球引起的潮汐叫做太阴潮，把太阳引起的潮汐叫做太阳潮。根据万有引力定律，两个物体之间的引力和它们之间距离的平方成反比。地面上各点与月球的距离不同，所受月球引力的大小就不同，朝向月球的半个地球上，所受到的引力大于地心和背向月球一面所受到的引力。离月球最近的点所受到的引力最大，在此点的海水相对于地心而言被月球"拉"了起来，朝向月球的半个地球上的海水都会趋向最近点，该点海水就会上涨，这就是常说的涨潮。离月球最远的点受到月球的引力最小，相对于地心，该点的海水有后退的倾向，这就是退潮。

颇富戏剧性的假说——俘获说

鉴于同源说和分裂说所遇到的困难，瑞典天文学家阿尔文提出了"俘获说"。该假说认为：月球和地球是在不同的地方形成的，月球本来只是太阳系中的一颗小行星，一次偶然的机会，因为运行到地球附近，被地球的引力所俘获，从此再也没有离开过地球，成为地球的卫星。这个颇富戏剧性的假说受到多数科学家的赞成，它很好地说明了地球和月球在物质组成上的差异，和不同于太阳系其他卫星的特征。

还有一种接近俘获说的观点认为，地球不断把进入自己轨道的物质吸积到一起，久而久之，吸积的东西越来越多，最终形成了月球。

然而和上述其他两种假说一样，俘获说也有难以自圆共说的地方。首先是月球太大，地球俘获如此之大的一个天体是很难想象的，即使能抓住，轨道也不会像现在这样规则。

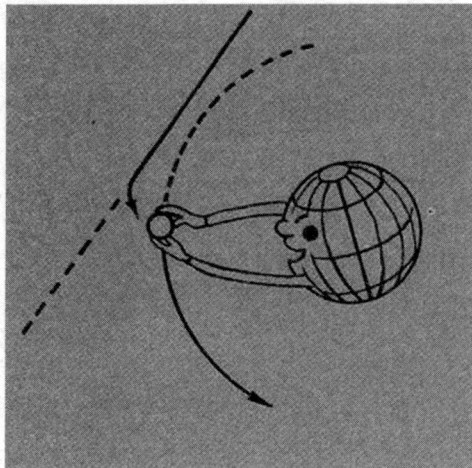

地月俘获说

上述三种月球起源假说，可以说各有千秋，都能或多或少地解释月球的成分、密度、结构、轨道及其他基本事实。从目前来看，除分裂说遇到致命的问题，似乎难以成立外，俘获说和同源说这两种假说究竟哪一种更合理一些，还无定论。现有假说的困难，迫使天文学家不得不另辟蹊径，提出新的起源假说。

知识点

太阳系的卫星

卫星是指围绕行星公转的星体，如月球围绕地球公转，月球是地球的卫星。在太阳系里，除水星和金星外，其他行星都有天然卫星。已知的天然卫星总数（构成行星环的碎块在外）至少有40颗。土星的天然卫星最多，其中17颗已得到确认，还有五颗尚待证实。天然卫星的大小不一，彼此差别很大。其中一些直径只有几千米大，例如，火星的两个小卫星，还有木星外围的一些小卫星。还有几个却比水星还大，例如，土卫六、木卫三和木卫四，它们的直径都超过5 200千米。

兼容三种假说的假说——大碰撞假说

美国科学家本兹、斯莱特里以及卡梅伦，于 1986 年 3 月在美国休斯敦举行的一次月亮和行星讨论会上，提出了一个崭新的、摆脱了上述三种假说框框的月球成因假说。该假说认为：在太阳系早期，行星际空间有大量的"星子"，星子经过碰撞、吸积而逐渐变大。大约在相当目前地—月系统存在的空间范围内，形成了一个质量大约相当于现在地球质量 9/10 的原始地球，和一个火星般大小的天体。这两个天体在各自的演化中，均形成了以铁为主的金属核和以硅酸盐组成的幔和壳。由于这两个天体相距不远，因此相遇的机会就很大。一次偶然的机会，那个小的天体以每秒 5 千米左右的速度撞向地球。剧烈的碰撞不仅使地球的轨道发生了偏斜，使地轴倾斜，而且使火星般大小的撞击体碎裂，壳和幔受热蒸发，膨胀的气体"裹胁"着尘埃飞离地球。这些飞离的物质中还包括少量的地幔物质。火星般大小的天体碰撞后，被分离的金属核因受胀飞离的气体阻碍而减速，被吸积在地球上。飞离的气体尘埃受地球的引力作用，一部分处于洛希极限内，一部分落在洛希极限外，呈盘状物出现。位于洛希极限外的物质通过吸积，先形成几个小天体，最后不断吸积，像滚雪球似的，形成了月球。

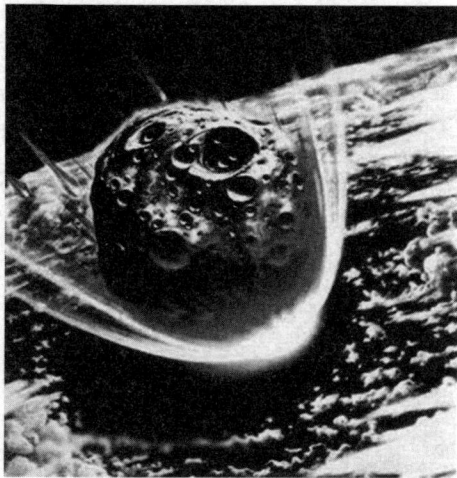

小行星撞击地球想象图

这一新的"大碰撞"假说，在某种程度上兼容了三种经典假说的优点，并得到了一些地球化学、地球物理实验的支持。

由于大碰撞假说认为，月球是撞击后飞离的物质凝聚而成，这样就不必要求月球的运行轨道非要与地球赤道面重合不可。此外，由于月球的大小取

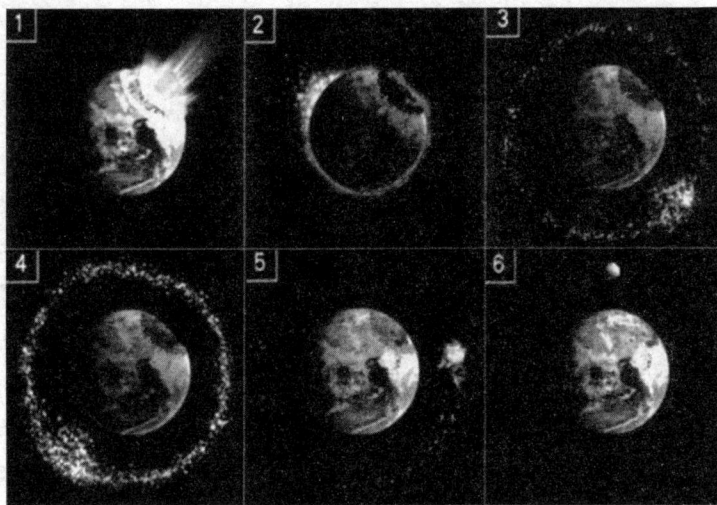

大碰撞假说电脑模拟图

决于飞离物质的多少，因此也不必考虑为什么地、月的质量比远大于其他行星和它的卫星了。

从物质组成看，由于该假说认为月球是由碰撞体和少量地幔组成的，这就是月球密度为什么较低，没有像地球那样的金属核的原因。另外由于碰撞所产生的高温使易挥发的元素蒸发掉，从而也解释了月球上为什么富集难熔元素，而缺少易挥发元素。

目前，大碰撞假说还未得到天文学家的普遍承认，需要进一步验证和证实。

➡ **知识点**

洛希极限

当行星与卫星距离近到一定程度时，潮汐作用就会使流体团解体分散。这个使卫星解体的距离的极限值是由法国天文学家洛希首先求得的，因此称为洛希极限。

当天体和第二个天体的距离为洛希极限时，天体自身的重力和第二个天

体造成的潮汐力相等。如果它们的距离少于洛希极限，天体就会倾向碎散，继而成为第二个天体的环。

最新奇的假说——月球行星论

天文学家无论是在讨论经典假说还是大碰撞假说时，都把月球看做是地球的一颗卫星，而不久前有人提出了一个新奇的观点，认为月球原来是太阳系的一颗行星。

美国著名地球物理学家爱拜塞尔在《地球》一书中提出："近代太阳系形成学说确认月球是个正统的行星。实际上地球和月球是一个双星系统的关系，而月球绝不是从属于地球的母子关系。"他的证据是：（1）在形成年代上，月球略早于地球；（2）地、月的直径比和质量比相差不多，卫星与主体行星之间这样大的比值在太阳系中"只此一家"；（3）地球属于类地行星，而类地行星除地球和火星以外，其他的都无卫星；（4）月球并没有绕着地球旋转，而是伴着地球对转。在太阳系中，其他行星的公转轨道都是比较光滑的图形，唯有地球的公转轨道是波浪般的图形。

月球行星论产生了一定的反响。一些天文学家对此持有异议，我国紫金山天文台刘炎认为，这个结论过于武断了。他认为，月球形成的年代是否早于地球至今尚无定论，而且即使我们承认月球的"年岁"高于地球，也不能就由此推论月球不是地球的卫星了。因为关于卫星和中心行星的"年岁"是一种历史上的月地关系，而月球是否是地球的卫星，却是一个卫星的概念和定义的问题，是一种现实的月地关系。月球的质量虽大，但还是在其作为地球卫星所应有质量的

地球与月球

合理范围之内；而月球相伴地球"对转"、地球轨道"波浪形"起伏，也完全符合力学规律。月球在它漫长的演化史上很可能曾经是一颗行星，但它现在确确实实是一颗卫星。

正像科学家所说的那样，宇宙间只有未被认识的事物，而绝没有不可认识的事物。随着人们在实践中认识的不断深化，月球是怎样产生的，月球是行星还是卫星这些问题，一定会弄清楚的。

知识点

双星系统

双星系统是由两颗恒星组成，相对于其他恒星来说，位置看起来非常靠近。

双星有多种。一颗恒星围绕另外一颗恒星运动，并且互相有引力作用，称为物理双星，一般所说的双星，没有特别指明的话，都是指物理双星；两颗恒星看起来靠得很近，但是实际距离却非常远，这称为光学双星；有的双星在相互绕转时，会发生类似日食的现象，从而使这类双星的亮度周期性地变化。这样的双星称为食双星或食变星；还有的双星，不但相互之间距离很近，而且有物质从一颗子星流向另一颗子星，这样的双星称为密近双星。

月球的地貌地形概况

YUEQIU DE DIMAO DIXING GAIKUANG

　　有史以来，人们的眼睛一直注视着月亮，思索着和进行各种猜测。用肉眼观测是看不出多大名堂来的，因而他们说不出多少关于月球的事。历史上第一个从远处比较清楚地观赏月球的人，是一位意大利科学家，他就是伽利略。当他用自制的望远镜第一次对准月亮时，他发现了一个新世界。这是人类历史上第一次"看清"了月球，他看到了月球表面崎岖不平，有明暗的分区。当然，伽利略制造的第一架望远镜是简陋的、粗糙的，可是，它却开启了人类对月球表面勘察的记录。

月球地貌概况

　　有史以来，人们的眼睛一直注视着月亮，思索着和进行各种猜测。用肉眼观测是看不出多大名堂来的，因而他们说不出多少关于月球的事。历史上第一个从远处比较清楚地观赏月球的人，是一位意大利科学家，他就是伽利略。当他只有19岁而还是比萨大学的学生时，他在教堂里注意到了从天花板上吊下来的灯的缓慢摆动现象，由此发展了钟摆的摆动原理，并且是把这种原理用于测量时间的第一人。

伽利略对观测天体很有兴趣，使他遗憾的是他无法把它们看得很清楚。

1609 年，他听说一位荷兰眼镜商叫汉斯·里帕席的，发明了一种奇异的管子，在管子里只放几片透镜，就使得远处的人和树等好像在眼前一样。里帕席称它为"魔管"。伽利略很快对这新玩意儿有所发展。他选用了质量比较好的透镜，把它们在管子中的位置调整到最佳状态，就这样制造成了一架望远镜。

我们完全可以想象得到，当他把自己制造的望远镜第一次对准月亮时，该

伽利略

是多么激动。在人类历史上第一次，他看到了月球表面的环形山、山脉和大面积的平原。因为这些平原显得比较平滑，没有太多的其他特征，有点像是大片的水面，伽利略把它们叫做海。

当然，伽利略制造的第一架望远镜是简陋的、粗糙的，可是，对于那些告诉了我们那么多月面知识的巨大望远镜来说，它是当之无愧的"老祖宗"。

月球表面崎岖不平，从大的构造来分，主要有陆区和月海。

在明净的夜晚，当一轮圆月悬挂空中之时，我们不难发现月球表面有明暗相对的两部分，其实月球表面的地形特征就是有明暗的分区。早期的天文学家在观察月球时，以为发暗的地区都有海水覆盖，因此把它们称为"海"，著名的有云海、湿海、静海等。在月球上几乎没有大气和水分。月面上阴暗部分，其面积较大的是"海"，较小的是"湖"、"湾"或"沼"。其实月面上的海是徒有虚名的，它滴水不含，是低洼的大平原，其中最大的平原是"风暴洋"。而明亮的部分是山脉，那里层峦叠嶂，山脉纵横，坑穴密布，沟壑纵横，这就是月球上的所谓"陆"。"陆"比"海"平均要高出约 1 500 米。有幸通过天文望远镜观测月球的人，首先感到奇怪的是月面上分布许多大大小小的"气泡"似的环形结构。仔细再看，它们类似地球上的火山口，叫环形山，它们分布极广，星罗棋布，大小差别很大。月面上有的区域环形山非常密集，

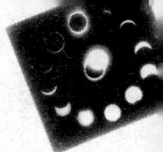

有的环形山还有重叠的结构，大多数环形山都以地球上著名的科学家的名字命名。如哥白尼环形山、第谷环形山、牛顿环形山等。月球背面还有以我国古代著名科学家的名字命名的环形山。它们是：张衡环形山、祖冲之环形山、郭守敬环形山、万户环形山和石申环形山。环形山实际上是一块被围起来的洼地，其底部凹陷下去，四周台垣比里面高出数千米。位于南极附近的贝利环形山直径 295 千米，可以把整个海南岛装进去。最深的山是牛顿环形山，深达 8 788 米。除了

复杂的月球表面

环形山，月面上也有普通的山脉、高山和深谷迭现，别有一番风光。

月面上也有许多高大的山系，它们用地球上著名的山脉名字命名。如在南海地区有陡峭的高加索山脉、亚平宁山脉和阿尔卑斯山脉。

在月面结构中，还有湾、湖、月谷、月溪、断裂和辐射纹等结构。

月球是地球的近邻，它在很多方面确实类似地球，但是，月球表面由于没有大气，没有水，没有生物，被太阳照射的地方温度高达127℃，没有被太阳照到的地方又下降到－183℃；月面直接受到流星体、太阳风和宇宙线轰击和强辐射；月球上的白天和黑夜各相当于地球上的两个星期。这些月面环境状况，使得整个月面既保存了各个演化时期的原始风貌，也保留着遭受太空物质侵袭的痕迹。同时，月球向着地球的一面和背着地球的一面尽管有差异，但是差别不大。

布满月面的环形山

月球表面的最大特征是布满着大小不等的环形山。环形山这个名字是伽利略起的。它是月面的显著特征，几乎布满了整个月面。最大的环形山是南

月球表面布满了大大小小的环形山

极附近的贝利环形山，直径295千米，比海南岛还大一点。以月球环形山"亚军"克拉维环形山来说，如果有位探险者站在这个直径230多千米的环形山中央，他只会看到四周的"月平线"（月球上的地平线自然该称作月平线），而看不到环形山的环壁。小的环形山甚至可能是一个几十厘米的坑洞。直径不小于1 000米的环形山大约有33 000个，占月面表面积的7%～10%。

有个日本学者在1969年提出一个环形山分类法，分为克拉维型（古老的环形山，一般都面目全非，有的还山中有山）、哥白尼型（年轻的环形山，常有"辐射纹"，内壁一般带有同心圆状的段丘，中央一般有中央峰）、阿基米德形（环壁较低，可能从哥白尼型演变而来）、碗型和酒窝型（小型环形山，有的直径不到1米）。

科学家正努力工作，想找出形成环形山的真正原因。有人相信，一些小的环形山口可能是月球形成阶段火山活动的结果。1958年和1959年，确实有位天文学家报道说，他观测到了从阿尔卑斯环形山内喷发出气体的现象。如果他的观测结果是可靠的，那就不仅说明月球内部是炽热的而且处于气体状态，还足以表明月球面上存在火山活动的可能性是很

月球表面的一个陨石坑，其直径在30千米左右，它位于月球的背面

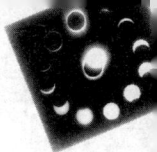

大的。

因为只有少量环形山的形态与地球上的火山口相像，不少人相信多数环形山是由于从空间来的大陨星猛烈撞击月面而留下的痕迹。有的科学家认为，一个陨星以一定的角度袭击月球而形成椭圆状的环形山，由于撞击产生的高温而使环形山变成圆形。另外的科学家提出争辩意见，认为陨星不管以什么角度撞击月面，形成的环形山都应该是圆形的。绝大多数环形山确实也都是圆形的。

能产生大环形山的陨星，应该是相当大的，所引起的那种类似爆炸的现象，比最强有力的原子弹也许还要强好几千倍。月球是经常不断地被这类大大小小的陨星撞击着的。

地球也经常受到陨星的撞击。不同的是，当一个陨星闯入到比较浓密的大气层时，由于与大气分子相撞而产生的热，使陨星燃烧、气化而成为尘埃。在这过程中，陨星发亮而被我们看到，这就是流星。有时候，陨星体比较大，其烧剩的部分落到地球上来，或者是一块铁质般的物体，或许是石质的，这主要根据陨星本身的性质而定，这就是一般所说的陨星或叫陨石。

月球周围没有大气，陨星就有可能全力撞击月球而不受到任何阻碍，从而在月面上撞出一片比较大的凹陷地。

地球上的风和雨在不停地侵蚀地球表面，使它改变面貌，并逐渐抹掉地质现象，为地球留下痕迹。月球是没有这种风和水的侵蚀作用的。因此，月面上一旦留下什么痕迹，就永远保持原样。

可以这么说，自从望远镜发明以来的 400 年间，还没有看到过在月面上形成新的、足

地球上的陨石坑

够大的环形山。我们可以得出这样的结论，在最近几百年里乃至几千年里，月球受到陨星、特别是大陨星袭击的几率，远没有它在早期受到的那么多。

以中国人命名的环形山

在月球正面有一座环形山以我国现代天文学家高平子命名的，它位于月球正面东经 87 度、南纬 6 度。

在月球背面的环形山中，有四座分别以我国古代天文学家名字命名：石申环形山、张衡环形山、祖冲之环形山和郭守敬环形山。

另外，还有为纪念一位传说为尝试飞向天空而献身的中国明代人万户而命名的万户环形山。

覆盖尘埃的沙漠——月海

所谓月海，其实就是我们从地球上看到的暗色的区域，主要由玄武岩组成。因为玄武岩的反射率平均只有 6%，当阳光照射时，它吸收了 94% 的阳光，所以看上去比周围月陆区要暗一些。月海就是月球上广大的平原或开阔地，或者说，只是些覆盖着尘埃的沙漠。

现在已知整个月球表面有 22 个月海，此外还有些地形称为"月海"或"类月海"的。公认的 22 个月海绝大多数分布在月球正面。月球背面的月海少而小，有三四个在边缘地区。在正面的月海面积略大于 50%，其中最大的"风暴洋"面积约 500 万平方千米，差不多9 个法国的面积总和。大多数月海大致呈圆形、椭圆形，且四周多为一些山脉封闭住，但也有一些海是连成一片的。除了"海"以外，还有 5 个地形与之类似的"湖"——梦湖、死湖、夏湖、秋

月 海

湖、春湖，但有的湖比海还大，比如梦湖面积 7 万平方千米，比汽海等还大得多。月海伸向陆地的部分称为"湾"和"沼"，都分布在正面。湾有 5 个：露湾、暑湾、中央湾、虹湾、眉月湾；沼有腐沼、疫沼、梦沼 3 个，其实沼和湾没什么区别。

向着地球这面有 19 个月海，分别是：风暴洋、雨海、澄海、静海、丰富海、酒海、危海、冷海、史密斯海、云海、汽海、湿海、洪堡德海、蛇海、泡海、浪海、界海、地海和知海。月球背面有 3 个月海：东海、莫斯科海和智海。

月海的地势一般较低，类似地球上的盆地。月海比月球平均水准面低一两千米，个别最低的海如雨海的东南部甚至比周围低 6 000 米。月面的返照率（一种量度反射太阳光本领的物理量）也比较低，因而看起来显得较黑。

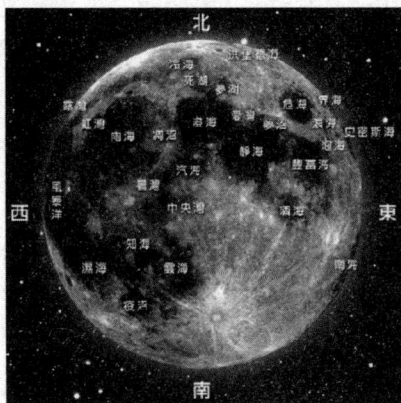

正面月海的名称

早期用简陋望远镜观测月球的天文学家们，不了解月球实际上是个无生命、无水的天体，相反，他们推测月球应该与地球一样，部分表面覆盖着海洋和江湖河沼等水面。尽管如此，科学家们同意保留当初定下的"海"这个现在看来不那么确切的名称。不过，在月球演化史早期的某个阶段，那时，它刚形成不久，这些"海"里可能确实充满着处于熔融状的岩浆。

由于月海比较平坦、开阔而有回旋余地，而不像崎岖的山地那样容易发生事故，第一艘载人登月飞行的"阿波罗"11 号所携带的"鹰"登月舱，就是选择静海作为着陆点的。

知识点

月海的形成

很多天文学家认为月海是小天体撞击月球时，撞破月壳，使月幔流出，玄武岩岩浆覆盖了低地，形成了月海。但也有天文学家根据对月球各类岩石成份、构造与形成年龄的研究，认为月球约形成于 45.6 亿年前。月球形成后曾发生过较大规模的岩浆洋事件，通过岩浆的熔离过程和内部物质调整，于 41 亿年前形成了斜长岩月壳、月幔和月核。在 40 亿~39 亿年前，月球曾遭受到小天体的剧烈撞击，形成广泛分布的月海盆地，称为雨海事件。在 39 亿~31.5 亿年前，月球发生过多次剧烈的玄武岩喷发事件，大量玄武岩填充了月海，厚度达 0.5~2.5 千米，称为月海泛滥事件，月海因此而成。两个观点的分别在于，后一观点认为小天体的撞击和玄武岩的喷发是发生在两个年代的；而另一观点则认为是同时发生的。谁是谁非，至今还没有定论。

古老的高地——月陆

月陆是月面隆起的古老的高地，平均高出月海 2~3 千米。对着地球这半球上的月陆占这半球面积的 70%。月球背面的月陆则占另一半球面积的 97.5%。月陆主要由浅色的斜长岩组成。月陆的反光率约为 17%，因此看上去要比月海明亮得多。在月球正面，月陆的面积大致与月海相等，但在月球背面，月陆的面积要比月海大得多。从同位素测定知道月陆比月海古老得多，是月球上最古老的地形特征。

在月球上，除了犬牙交差的众多环形山外，也存在着一些与地球上相似的山脉。月球上的山脉常借用地球上的山脉名，如阿尔卑斯山脉，高加索山脉等等，其中最长的山脉为亚平宁山脉，绵延 1 000 千米，但高度不过比月海水平面高三四千米。山脉上也有些峻岭山峰，过去对它们的

月球上山峰的阴影是由于太阳照射形成的

高度估计偏高，现在认为大多数山峰高度与地球山峰高度相仿，最高的山峰（亦在月球南极附近）也不过 9 000 米和 8 000 米。月面上 6 000 米以上的山峰有 6 个，5 000~6 000 米 20 个，4 000~5 000 米则有 80 个，1 000 米以上的有

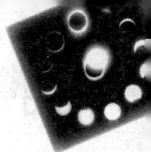

200 个。月球上的山脉有一个普遍特征：两边的坡度很不对称，向海的一边坡度甚大，有时为断崖状，另一侧则相当平缓。

除了山脉和山群外，月面上还有 4 座长达数百千米的峭壁悬崖，其中 3 座突出在月海中，这种峭壁也称"月堑"。

美丽的辐射纹——月面辐射纹

月面上最耐人寻味的秘密之一，是一些较"年轻"的环形山周围常带有美丽的"辐射纹"。所谓辐射纹，指的是从一些较大的环形山，像第谷、哥白尼、开普勒等环形山，向四面八方延长开去的亮线状构造。它几乎以笔直的方向穿过山系、月海和环形山。第谷环形山的辐射纹特别引人注目，至少有 12 条，而且在满月时看起来非常明亮，最长的一条长 1 800 千米，一直延伸到月背部分。哥白尼和开普勒两个环形山也有相当美丽的辐射纹。部分小环形山也有辐射纹。据统计，具有辐射纹的环形山有 50 个。

迄今还没有一个人能够确切地说清楚这些辐射纹最初是怎么形成的，或者阐述明白它们究竟是由什么东西组成的。实质上，它与环形山的形成理论有密切联系。一般都是这样认为的：陨星撞击月面而形成环形山的同时，把原先在环形山口内的一部分物质向四面八方溅射开去，而后回落到月面，形成辐射纹。

我们可以做个简单的实验。在一张黑纸上，放上一小堆白粉末，用钢匙的背部突然猛击粉末堆中央，你会看到粉末溅射并落在四周，这情景与辐射纹的形成也许有点相像。

由于月球上没有空气、没有风来干扰落在环形山周围的那些溅落物，

月面辐射纹

它们能一直原封不动地保持着当初形成时的模样。

另一种观点则认为，陨星袭击月面而形成环形山时，把原先在月球表面以下的、轻而带色彩的物质，从环形山口向外抛出而成为辐射纹。陨星撞击而产生高温和类似爆炸那样的现象，于是把月球物质溶化为玻璃质那样的东西。玻璃质粒子比较容易反射光线，同时也可以比较容易地解释为什么辐射纹的亮度随着月相的变化而变化。

暗色大裂缝——月谷（月溪）

月球上除了有月海、月陆、山脉、月坑和环形山等地理特征外，在月球表面不少地区还可以看到一些暗色的大裂缝，弯弯曲曲绵延数百千米，宽达几千米，甚至几十千米，看起来很像地球上的沟谷，这种地貌类型中较宽的被称为月谷，较细长的被称为月溪。

在雨海东部平原上的哈德利月溪，是月面上最清晰的弯曲月溪之一，它位于"阿波罗"15 号飞船的着陆点附近，因此人们对它研究得最为清楚。哈德利月溪长度超过 100千米，宽 1.5 千米，溪底深度达 400米。该月溪两壁岩石露头非常新鲜，

图中有两个月坑，左边的月坑是直径 40 千米的阿里斯塔克坑，右边是直径 35 千米的赫罗多特坑，两个月坑之间是克白拉峰。以克白拉峰为源头蜿蜒伸出一条宽 8～10 千米、长 150 千米的月谷——施罗特里月谷

很好地展现了月球表面的物质构成和构造演化史。从剖面来看，其上部是月表土壤，厚达 5 米，其下是不同厚度的岩块和碎屑角砾层，它们是由不同时期的撞击作用或火山作用形成的，再下是山麓堆积物和坚硬而完整的基岩。

通过对月谷和月溪影像的详细分析、实地考察和岩石样品的分析研究，科学家认为，月谷和月溪有多种形成方式：与地球上 V 形谷相似的月谷和弯

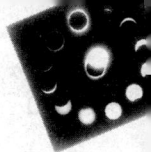

曲的月溪，可能在大约 40 亿年前，即月球形成的早期，由水的流动造成的；有的月溪和月谷也可能是因火山爆发产生的熔岩流的流动形成的；还有些月溪月谷是陨星撞击月表时留下的辐射线的残余；个别月溪月谷甚至是许多小月坑成排分布造成的裂缝，如月面中央著名的希金努斯裂隙。

▶▶▶ 知识点

月谷之最

绝大多数宽大的月谷出现在月陆上较平坦的地区；最大的里塔月谷位于南海东北部，詹森环形山东面的月陆上，总长达 500 千米；最宽的莫希拉米月谷在东海盆地南边，巴德环形山附近的月陆上，约有 40～55 千米；最著名的月谷是阿尔卑斯大月谷，从柏拉图环形山东南一直"流入"平坦的雨海和冷海，它把月面上的阿尔斯山脉拦腰截断，很是壮观。从太空拍得的照片资料估计，它长达 130 千米，宽达 10～12 千米。

沉寂的月球火山

月球的表面被巨大的玄武熔岩（火山熔岩）层所覆盖。早期的天文学家认为，月球表面的阴暗区是广阔的海洋，因此，他们称之为"mare"，这一词在拉丁语中的意思就是"大海"，当然这是错误的，这些阴暗区其实是由玄武熔岩构成的平原地带。除了玄武熔岩构造，月球的阴暗区还存在其他火山特征，例如蜿蜒的月面沟纹、黑色的沉积物、火山圆顶和火山锥。不过，这些特征都不显著，只是月球表面火山痕迹的一小部分。

与地球火山相比，月球火山可谓老态龙钟。大部分月球火山的年龄在 30 亿~40 亿年之间；典型的阴暗区平原，年龄为 35 亿年；最年轻的月球火山也有 1 亿年的历史。而在地质年代中，地球火山属于青年时期，一般年龄皆小于 10 万年。地球上最古老的岩层只有 3.9 亿年的历史，年龄最大的海底玄武岩仅有 200 万岁。年轻的地球火山仍然十分活跃，而月球却没有任何新近的

月球上的火山

火山和地质活动迹象，因此，天文学家称月球是"熄灭了"的星球。

地球火山多呈链状分布。例如安第斯山脉，火山链勾勒出一个岩石圈板块的边缘；夏威夷岛上的山脉链，则显示板块活动的热区。月球上没有板块构造的迹象。典型的月球火山多出现在巨大古老的冲击坑底部。因此，大部分月球阴暗区都呈圆形外观。冲击盆地的边缘往往环绕着山脉，包围着阴暗区。

月球阴暗区主要出现在月球较远的一侧，几乎覆盖了这一侧 1/3 的面积；而在较远一侧，阴暗区的面积仅占 2%。然而，较远一侧的地势相对更高，地壳也较厚。由此可见，控制月球火山作用的主要因素是地表高度和地壳厚度。

月球的地心引力仅为地球的 1/6，这意味着月球火山熔岩的流动阻力较地球更小，熔岩行进更为流畅。这就可以解释为什么月球阴暗区的表面大都平坦而光滑。同时，流畅的熔岩流很容易扩散开，因而形成巨大的玄武岩平原。此外，地心引力小，使得喷发出的火山灰碎片能够落得更远。因此，月球火山的喷发，只形成了宽阔平坦的熔岩平原，而非类似地球形态的火山锥。这也是月球上没有发现大型火山的原因之一。

月球上没有溶解的水。月球阴暗区是完全干润的。而水在地球熔岩中是最常见的物体，是激起地球火山强烈喷发的重要因素之一。因此，科学家认为，缺乏水分也对月球火山活动产生巨大影响。具体地说，没有水，月球火山的喷发就不会那么强烈，熔岩或许仅仅是平静流畅地涌出地面。

◦◦◦▶▶ 知识点

板块构造

地球表面是由厚度大约为 100～150 千米的巨大板块构成，全球岩石圈可分成六大板块，即太平洋板块、印度洋板块、亚欧板块、非洲板块、美洲板

块和南极洲板块，其中只有太平洋板块几乎完全在海洋，其余板块均包括大陆和海洋，板块与板块之间的分界线是海岭、海沟、大的褶皱山脉和大断裂带。

月球地貌形成探讨

月面上山岭起伏，峰峦密布，没有水，大气极其稀薄，大气密度不到地球海平面大气密度的一万亿分之一。月球上没有火山活动，也没有生命，是一个平静的世界。已经知道的月海有 22 个，总面积 500 万平方千米。从地球上看到的月球表面，较大的月海有 10 个：位于东部的是风暴洋、雨海、云海、湿海和汽海，位于西部的是危海、澄海、静海、丰富海和酒海。这些月海都被月球内部喷发出来的大量熔岩所充填；某些月海盆地中的环形山也被喷发的熔岩所覆盖，形成了规模宏大的暗色熔岩平原。因此，月海盆地的形成以及继之而来的熔岩喷发，构成了月球演化史上最主要的事件之一。

月球上的陨击坑通常又称为环形山，它是月面上最明显的特征。环形山（crater），希腊文的意思是"碗"，所以又称为碗状凹坑结构。环形山的形成可能有两个原因，一是陨星撞击的结果，二是火山活动；但是大多数的环形结构均属于陨星的撞击结果。1924 年，吉福德（A. C. Gifford）曾把月坑同地球上的陨石坑作了比较，证实了月坑是陨星撞击形成的。因此，陨击作用是形成现今月球表面形态的主要作用之一。许多大型环形山都具有向四周延伸的辐射状条纹，并由较高反射率的物质所组成，形成波状起伏的地形，向外延伸可达数百千米。环形山周围有溅射出来的物质形成的覆盖层；溅射的大块岩石又撞击月球表面，形成次生陨击坑。由于反复的陨星撞击与岩块溅落以及月球内部喷出的熔岩大规模泛滥，使得许多陨击坑模糊不清，或只有陨击坑中央的尖峰露出覆盖熔岩的表面。

从叠加在月海上的陨击坑的状况判断，以及从月球上带回样品的放射性年龄测定表明，月海物质大致是与陨击坑同时期形成的。月海年龄大都在 35 亿年左右，而月陆高地的形成至少在月海熔岩喷发之前 10 亿多年已经存在，因此原始月壳是更为早期时形成的，并且是因大量熔岩的不断喷发，月球物质长期圈层分化的结果。研究表明，月球的圈层结构是继大约46亿年前它所经历的一个漫长的天文演化阶段之后，又一个持续了约10亿年之久的圈层分化过程。月球表面陨击坑的直径大的有近百千米，小的不过10厘米，直径大于1千米的环形山总数多达33 000个，占月球表面积的7%~10%，最大的月球坑为直径235千米。在月球背向地球的一面，布满了密集的陨击坑，而月海所占面积较少，月壳的厚度也比正面厚，最厚处达150千米，正面的月壳厚度为60千米左右。由于月球表面之上缺乏大气圈和水圈，所以月球早期的熔岩喷发和陨星撞击形成的月球表面形态特征能够得到长期保存。自1969年以来，宇航员已从月球表面取回数百千克的月岩样品，经过对这些月岩样品的研究分析得出结论，这些月岩曾熔化过，月球表层物质主要是岩浆岩组成。

东部的山脉和月海

按国际统一规定，月球上的方向与地球上相同：上北下南，左西右东。所谓月球东部，自然就是向着我们这一面的右边。

凭直接观察，人们可以发现月球东部的两个特点：东部的"海"比西部的"海"面积小，而东部的"海"基本上分散成一块一块的，很像地球上的盆地；东部比西部要显得明亮一些。实测结果也是如此，若以满月的亮度为100的话，上弦月为8.3，下弦月为7.8。

月球东部的地形和地势是错综复杂的。月海基本上都在赤道附近，越向两极，地势越高，环形山越多。在东部共有3条山脉：澄海东侧的金牛山脉、丰富海与酒海之间的比利牛斯山脉和澄海与汽海之间的海码斯山脉。这些山脉都环绕着月海，和月海构成统一的演化单元；澄海和静海之间的阿格厄斯山，高达几千米，形成澄海和静海的分水岭；酒海南部的阿尔泰峭壁长达几百千米，是月面最长的峭壁，很像酒海的外"堤"；科希峭壁则像是从静海东延伸到静海中的"栈桥"。还有2条月溪：连结静海和中央湾的阿里亚代斯月溪，静海西侧的海帕塔月溪；1个海角：澄海和静海之间的阿切鲁西亚海角。1条月谷：在丰富海之南的环形山之间的勒伊塔月谷，长约500千米，宽约20千米，是月面最长的月谷。2个湖：澄海东北的死湖与梦湖。死湖的面积

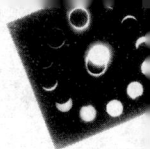

约 2 万平方千米。一些比较著名的环形山带有辐射纹，如：朗格林诺斯环形山，直径约为 130 千米，辐射纹长约 1 500 千米；捷奥菲勒斯环形山，直径约 100 千米，底部平坦，辐射纹长约 1 000 千米；弗涅里厄斯环形山，直径约 20 千米，辐射纹长约 200 千米；斯梯文环形山，直径 25 千米，辐射纹长约 600 千米。在东部边缘主要有高斯环形山、尼玻环形山、吉尔伯特环形山、洪堡德环形山、李约环形山等。这些环形山有时可见，有时隐藏到月球背面。在静海里的西北部有 3 个环形山，靠近澄海的是普林尼斯环形山，它的南面有罗斯莱山和阿拉果环形山。从这 3 个环形山的外形看，都是在静海形成后出现的，属于较年轻的环形山。与此相反，在酒海最南端的弗拉卡斯托里斯环形山是一个古老的环形山，它的环壁成锯齿形，并且有一部分环壁已被酒海熔岩物质掩埋，类似雨海西北部的虹湾。酒海被比利牛斯山脉和阿尔泰峭壁所围。有的月面学家认为，酒海周围的"沉陷"地形，过去曾是一个直径 1000 千米以上的巨大类月海，后来一部分被熔岩覆盖，这就是酒海，一部分周壁就是阿尔泰峭壁和比利牛斯山脉。

东部月海的特征，第一是海的数量多，月球向着我们这面共有 19 个月海，东部占 12 个；第二是独立的海多。除靠近月面中部的澄海、静海和酒海相通相连外，其他 9 个月海都是孤居一地；第三是海的总面积比西部小，大约 190 万平方千米，还不到风暴洋面积的一半；第四是海的分布广；第五是有"时隐时现"的海。由于月球的经天秤动影响，地处东海缘的界海、史密斯海、洪堡德海和南海，有时可见，有时看不见；第六是海外形呈六边形。

所谓"界海"，就是因为它地处可见面和背面之间的投影线上。长期对月球进行观测就会发现它"时隐时现"。其实，何止界海"时隐时现"，凡是在这个经度范围内的月面都是如此。

对月面东部的探测在 1969 年 7 月 21 日，美国的"阿波罗"11 号载人宇宙飞船的登月舱降落在静海西南部靠近赤道的地方（东经 23°26′，北纬 0°41′），揭开了人类亲临月球探索的新纪元。航天员在静海着陆点采回月壤和月尘。根据研究，这里的岩石年龄在 34 亿~37 亿年，为月面中等岩石年龄。样品表明：这里没有含水的矿物质；这些表面物质是受冲击产生的；钛铁矿的含量比地球上大多数的玄武岩要高；在石屑碎块中发现一种新硅酸盐矿物——命名为"静海石"，这是月海玄武岩晚期结晶作用的产物。

1972 年 12 月 11 日，"阿波罗" 17 号载人宇宙飞船的登月舱在澄海东南高地着陆（东经 30°45′，北纬 20°10′），这是人类到达月球最东面的地区。在着陆的两名宇航员中，有一位是美国哈佛大学的地质学家施米特。他们乘月球车在月面上活动 3 次，共 22 小时 5 分，是 6 次 "阿波罗" 宇宙飞船登月中，在月面活动时间最长的一次，带回 115 千克岩石样品。

1970 年 9 月 20 日，苏联无人驾驶的 "月球" 16 号自动探测器降落在丰富海，取回 100 克月壤样品。1972 年 2 月 21 日，无人驾驶的 "月球" 20 号在丰富海东北山区着陆，取回 50 克月壤。1976 年 8 月 18 日，无人驾驶的 "月球" 24 号在危海着陆，取回月壤 170 克。由此可见，苏联主要是集中力量对月球东部海区进行探索。

知识点

上弦月

在农历的每月初一，当月亮运行到太阳与地球之间的时候，月亮以它黑暗的一面对着地球，并且与太阳同升同没，人们无法看到它。这时的月亮叫 "新月"。

新月过后，月亮渐渐移出地球与太阳之间的区域，这时我们开始看到月亮被阳光照亮的一小部分，形如弯弯的蛾眉，所以这时的月亮叫 "蛾眉月"。这种 "蛾眉月" 只能在傍晚的西方天空中看到。到了农历初八左右，从地球上看，月亮已移到太阳以东 90° 角。这时我们可以看到月亮西边明亮的半面，这时的月亮叫 "上弦月"。上弦月只能在前半夜看到，半夜时分便没入西方。

地势复杂的月陆中心区

所谓月球中部是这样划分的：在南、北纬 20° 和东、西经 20° 之间的月面，即东西和南北各 1 200 千米的月轮中心区。称这里为 "特区"，一是因为这里是月轮东西南北四个半球特征的交织地区，地形和地势更为错综复杂，月陆、

月海、山系、月湾、月溪、直壁、峭壁以及年轻和年老的环形山应有尽有；二是这里有月面坐标的起算点；三是与月轮的其他部分相比，这里的地形和地势基本上都以正面朝向地球；四是这里是人类直接探索最多的区域。

在月球中部的北面，地形复杂，地势险峻。月球上最长的阿尔卑斯山脉和海码斯山脉构成"人"字形从正北伸向这里。两座大山之间夹着一块平原，就是汽海。汽海的面积大约是5万平方千米，是月面中央区唯一独立的月海。阿尔卑斯山脉是风暴洋和汽海之间的屏障；海码斯山脉是澄海和汽海的分水岭。汽海之南和中央湾相通，中央湾又与它西部的暑湾相连，它们都是风暴洋伸向中部陆地的海域。中央湾，顾名思义，它地处月轮的中心区。希金努斯月溪处在中央湾和汽海之间的海面上，长约200千米，宽约5千米。长约230千米，宽约5千米的阿里亚代斯月溪使中央湾与东部的静海隔陆相连。中央湾的东部和南部全是陆地。"特区"西部海岸的海陆交错，形成许多湾、角、岛与半岛等地形。就整个中部地势来说，构成了东高西低的月貌。

这里的环形山虽然不多，但是环形山的类型不少，"老中青"俱全。

托勒密环形山：这是以古希腊著名的天文学家托勒密（约90—168）的名字命名的。它位于南部高地上，直径约150千米，环壁高2 400米，属于较为古老的环形山。通过天文望远镜看去，它像一个巨大的环形盆地，里面十分平坦。然而在最佳的观测条件下，已经发现它上面有几百个小的环形山，直径都在600米以上。很明显，这些小环形山都比托勒密环形山年轻，属于后生的"小字辈"。有人推测，托勒密环形山形成的时代为月面大多数环形山形成的时期。

阿尔芬斯环形山：这是以西班牙一位热爱天文学的国王阿尔芬斯（1223—1284）的名字命名的。它直径约120千米，环壁高2 730米，紧挨在托勒密环形山的南侧。阿尔芬斯环形山的底部有中央丘，右边有2条像月溪似的裂缝。在1955、1957、1958、1961、1963、1969年曾有人观测到阿尔芬斯环形山有明暗和色彩的变化，这是由于该环形山有火山活动，从月球内部喷出的气体而形成的。最有意义的是1958年11月2日至3日的夜间，苏联天文学家科齐列夫在克里米亚天体物理天文台发现阿尔芬斯环形山的中央丘有明暗变化，并立即拍下了它的光谱照片。这说明月球并不是一个"平静"的世界，而是一个仍有火山活动的天体。

喜帕恰斯环形山：这是以古希腊的天文学家和数学家喜帕恰斯（约公元前190—公元前125）的名字命名的。它位于托勒密环形山的东北方，直径150千米，和托勒密环形山的大小差不多，但是它的环壁较高，为3 300米。

阿尔巴泰尼环形山：这是以阿拉伯天文学家阿尔巴泰尼（850—929）的名字命名的。它位于托勒密环形山之东，喜帕恰斯环形山之南；直径136千米，具有明显的中央丘，环壁非常明显。环壁内的西侧有一个较小的环形山，叫克莱思环形山。这是以德国月面学家克莱恩（1844—1914）的名字命名的，直径44千米，环壁高1 460米。

弗拉马利翁环形山：这是以法国天文学家和天文普及家弗拉马利翁（1842—1925）的名字命名的。它位于托勒密环形山之北，非常靠近月面的中心点，直径75千米。这个环形山本身没有什么可引人注意的地方，然而在它的西环壁上有一个小而清晰的环形山，它就是素有盛名的默斯丁A环形山。

默斯丁A环形山：它的精确位置为西经5°09′50″，南纬3°10′47″。它的直径为13千米，环壁高2 700米，并具有50千米长的辐射线，是一座年轻型的环形山。它清晰明亮的外形像镶在弗拉马利翁环形山的一颗珍珠。人们常借助它来定月面坐标的中心点。

默斯丁环形山：这是以丹麦的政治家默斯丁（1759—1843）的名字命名的。它位于默斯丁A环形山的北面，直径26千米，高2 700米。

拉兰德环形山：这是以法国天文学家拉兰德（1732—1807）的名字命名的。它位于弗拉马利翁环形山之西的风暴洋洋面上，直径24千米，环壁高2 600米，有直径320千米的辐射线，也属于年轻型的环形山。

赫歇耳环形山：这是以英国著名的天文学家W.赫歇耳（1738—1822）的名字命名的。它位于托勒密环形山的正北，这两座环形山的环壁有一部分紧紧连在一起，直径41千米，和托勒密环形山相比，显得很小。然而它峻峭突起，环壁高3 800米。

对中央区的探测：为了实现登月计划，美国宇航局于1960—1961年就提出两项对月球不载人的空间探测计划。这就是后来发射的"徘徊者"号和"探测者"号探测器。从1961年8月至1965年3月，共发射9个"徘徊者"探测器，其中第6、7、8号降落在中央区的两旁，9号降落在阿尔芬斯环形山内，因此它捷足先登，成为第一个直接探测环形山内的人类使者。"徘徊者"

9 号发回 5814 幅近距月面照片，具有很高的清晰度，比用地球上最好的天文望远镜拍照的月面要清晰 2 000 倍。

从 1966 年 5 月至 1968 年 1 月，美国又发射了 7 个"探测者"号探测器，主要是为载人登月飞船解决软着陆的问题。这其中有 3 个降落在中央区，2 号和 4 号基本失败，6 号获得成功。4 号和 6 号就降落在月面中心点西北 30 千米的中央湾海面上。6 号探测器不仅发回了月面环境的电视图像，而且小型掘土机和化验室对月壤进行了分析，为以后"阿波罗"载人登月做了充分的准备。

由于月球总以同一面向着地球，月面中央区又是以其正面对着地球，因此，将来人类进一步登上月球，也会把大本营的基地建立在月面中央区。

北面一隅沉静之地

月球北部，一般是指月面北纬 50° 以上的地区。不论直接赏月，还是通过望远镜观测，都会发现这里既无月面东、西部那样以月海为主的明显特色，又没有月面南部那样绵延千里的山地特征，似乎是月面边缘一隅沉静之地。然而，这里依然以其特有的魅力吸引着月面学家的注意。

这里与南部相邻的地区从西到东是：风暴洋、雨海、澄海和东部边缘陆地。从北纬 50°～60° 之间主要是月海区。西部是风暴洋伸向北部陆地部分，叫露湾。露湾东部是东西走向的、非常著名的带形月海——冷海。它长达 1 500 千米，南北宽有 300 千米，总面积是 440 000 平方千米，仅次于风暴洋、雨海和静海，是月球上第四大月海。冷海两岸的地形十分复杂，两岸陆地的凹凸部分基本上能对应起来。冷海属于古老的月海，可能与澄海和静海是同龄海。

在海东部的月面边缘，还有一个很不引人注意的、孤独一处的月海，这就是洪堡德海。它是以德国自然科学史专家和探险家洪堡德（1769—1859）的名字命名的。在 22 个月海的名称上，仅有 2 个用人名命名（另一个是史密斯海）。洪堡德海呈椭圆形，地处东经 75°～85°，北纬在 54°～59° 之间，面积约 5 万平方千米。由于经天秤动的影响，它时隐时现。有时，当它处在月轮边缘时，暗黑色的月海与天空背景融成一色，仿佛这里的月面缺少了一块似的。

冷海以北是完整的北极大陆，它与月球背面的北部形成一个整体。北极大陆有很多多角形的地形结构。一般说来，这里的环形山环壁比较低矮，有的环壁残缺不全，显现出古老的地形地势风貌。就整体而言，东部环形山比西部多，另一特点是，月海和月陆的边界极不明显，海的地势渐渐伸入到陆地，很像地球上海边广阔的浅滩。北部山脉和隆起地带的走向也格外复杂，完全不像南极地区那样呈南北走向。北极区是丘陵和环形山交织的区域，环形山的数量比南极区大约少一半，和月面中央区差不多。

最主要的环形山多在冷海北岸，位于北纬50°~60°之间，著名的环形山有：

柏拉图环形山：这是以古希腊哲学家柏拉图（公元前427—公元前347）的名字命名的。它位于雨海和冷海之间的月陆上，直径约100千米，属于古老的环形山。

亚里士多德环形山：以古希腊哲学家亚里士多德（公元前383—公元前322）的名字命名。它位于冷海南岸（东经17°，北纬50°），直径87千米。在农历每月初七至二十的月面上容易看到。

恩迪米昂环形山：这是以古希腊神话故事中的一名英俊的牧羊青年的名字命名的。它位于冷海和洪堡德海之间（东经56°，北纬54°），直径125千米，和周围的月面相比，环壁清晰，层次分明，显得特别突出。环形山底部和月海的色彩一样黑暗，通过天文望远镜观测极其明显。

加特纳环形山：这是以德国地质学家加特纳（1750—1813）的名字命名的。它位于冷海东部的北岸（东经35°，北纬59°），直径102千米。它的特点是环形山的南部与冷海隔成一片，部分环壁难于看见，很像天然的港湾，和雨海的虹湾很相似。

索斯环形山：这是以英国天文学家索斯（1785—1867）的名字命名的。它位于露湾北岸（西经50°，北纬57°），直径98千米，和加特纳环形山一样，向海一边的环壁看不见。

康达迈恩环形山：这是以法国物理学家和天文学家康达迈恩（1704—1774）的名字命名的。它位于冷海和露湾的分界线上，在冷海的南岸（西经28°，北纬53°），直径37千米。由此往北的海面上，有很多凸起的小岛和环形山，这就是露湾和冷海的分界线。

在北纬60°~70°范围内较著名的环形山有：

赫歇耳环形山：这是以英国天文学家 J. 赫歇耳（1792—1871）的名字命名的。他和他的父亲一样，也是一位蜚声天文界的著名天文学家。该环形山位于索斯环形山的东北部（西经 41°，北纬 62°），直径 156 千米，环壁南边缘面向露湾海面。

毕达哥拉斯环形山：这是以公元前 500 年古希腊哲学家和天文学家毕达哥拉斯的名字命名的。它位于 J. 赫歇耳环形山之西（西经 62°，北纬 63°），直径 128 千米，在下弦月清晰可见。

邦德环形山：以美国天文学家邦德（1789—1859）的名字命名。它的直径 158 千米，月面中央经线正穿过它（东经 4°，北纬 65°）；环壁低矮，看上去很像冷海北部的浅滩。

在北纬 70°~80°的范围内较著名的环形山有：

巴罗环形山：这是以英国数学家巴罗（1630—1677）的名字命名的。它位于邦德环形山正北，直径 93 千米。

默冬环形山：以古希腊天文学家默冬的名字命名。它位于巴罗环形山的东北部（东经 19°，北纬 74°），这个环形山虽然远离月海，可是南部环壁基本上看不清，底部和月海的颜色又很相近。形成这种结构的原因现在还不清楚。

白劳德环形山：这是以法国天文学家白劳德（1848—1934）的名字命名的。它位于默冬环形山正东（东经 37°，北纬 74°），直径 87 千米。

戈尔德施密特环形山：这是以德国业余天文学家戈尔德施密特的名字命名的。它位于巴罗环形山西边（西经 3°，北纬 73°），中央经线正穿过这里，直径 125 千米。

阿诺萨戈腊斯环形山：以古希腊哲学家阿诺萨戈腊斯（前 500—前 428）的名字命名。它紧靠着戈尔德施密特环形山的西侧（西经 10°，北纬 70°），直径 51 千米；环壁较高，有明亮的辐射线，这在月面北部是很少有的，属于年轻的环形山。

月面北极点没有环形山。但在北极点附近有几个比较著名的环形山：

赫米特环形山：以法国数学家赫米特（1822—1901）的名字命名，位于北极点之西（西经 88°，北纬 86°），直径 84 千米；处在可见半球和不可见半球的分界线上，西经 90°线正穿过它。

南森环形山：以挪威博学的地球北极探险家弗里德佐夫·南森（1861—

1930）的名字命名。这位勇敢而聪明的探险家曾于 1893 年 6 月 24 日领导"先锋"北极探险队巧妙地把船和浮冰冻在一起，开始了北极之行。经过 35 个月的艰苦航行，他们到达地球北纬 85°55′的最高纬度。为了纪念南森的顽强探索精神，把这座位于月面东经 90°上的环形山（东经 93°，北纬 81°）命名为南森环形山。它直径 110 千米，也横跨在可见面和背面的交界线上。

伯德环形山：这是以美国海军上将和地球极地探险家理查德·E. 伯德（1888～1957）的名字命名。伯德曾于 1929 年开始大量使用飞机进行极地探险。他先后领导 5 次南极探险。因此把月面北极附近的环形山（东经 10°，北纬 85°）用他的名字作为永久的纪念。中央经线正穿过该环形山的西边缘。

皮尔里环形山：是以美国的极地探险家皮尔里（1856—1920）的名字命名的。皮尔里曾两次横越格陵兰冰层，1900 年他发现了格陵兰极北端的土地，现在称为皮尔里地。1906 年他从埃尔斯米岛航行到了北纬 87°06′的极地，离北极点只差 274 千米。1909 年 4 月 6 日上午 10 时，他到达了北纬 89°57′，创造了当时历史上的新纪录。为了纪念他卓越的功勋，把离月面北极点最近的环形山（东经 30°，北纬 88°）以他光辉的名字命名，以示纪念。这座环形山的直径是 84 千米。

由于投影的关系，从地球上看去，月球极地附近的环形山很不易见到。人类对月球极区的探索也还是很不够的，只是通过环绕月球运行的飞船拍下一些照片而已。极区还有很多不解之谜有待探索。

南部的高原和山区

皓月当空，人们一眼就可以看出月面南部显得格外明亮，月面南部的陆地与月面的月海区形成了鲜明的对比。这是因为月陆主要是由斜长岩组成，对阳光的反射率较高。通过天文望远镜观察，会发现这里密布着大大小小的环形山，给人以千疮百孔之感，是典型的月面山区。

月面南纬 30°以南的月陆基本上连成了一片。这块陆地的地形是从东西边缘和中央区向赤道伸展，构成一个"山"字形。在这片广阔的陆区内也分布着两个月海。这就是以南纬约 50°和东经约 80°为中心的南海（月面后右下

方）；与此相对称的另一边，即以南纬约50°和西经约50°为中心点的一片月海（月面的左下方），它是从湿海引伸而来，没有被赋予专门的名称。这两个月海面积小，又在明亮的月陆包围之中，显得很不起眼。

月海区的地形地势有形形色色的湖、湾、沼、岛和半岛等特征。月球的地势自然有高地、峭壁、山脊、山链和隆起带等特征。月球南部陆地是环形山最密集的区域，真是密密麻麻，重重叠叠，尤以莫罗利卡斯环形山周围最为显著。一般来说，环形山的周壁高度在300~7 000米之间，而环形山的直径相差甚大。直径在百千米左右的大环形山周壁有如群山环绕的盆地。直径在几十千米的环形山一般都比较高和深，有的深达几千米，宛如洞穴深渊。直径在几十米以下的环形山周壁不高，但到处皆是。有人把月面南部山区比做神秘之宫，小环形山则像宫中的点缀物。

著名的环形山有：第谷环形山，以丹麦天文学家第谷（1546—1601）的名字命名。它位于月面西经11°、南纬43°，直径85千米，环壁高4 850米，中央丘高1 600米。它的结构复杂，并显现出年轻环形山挺拔峻峭的风姿。以满月时从地球上看到最多、最长、最美的辐射纹而著称。辐射纹从环形山中心呈弧形向外延伸，最长的可达1 800多千米，共有12条。辐射纹贯穿整个南部陆地，叠加在许多环形山之上，有的甚至伸展到酒海、静海、云海、知海和风暴洋中，饶有特色，蔚为壮观，肉眼可以直接看到。

按月面演化史来分类，第谷环形山属于哥白尼纪，也就是与哥白尼环形山的年龄差不多。这类环形山的特点是环形山的周壁形态比较完整；有明显的辐射纹；岩石的反射率较高；属于年轻型的环形山。月面学家认为，它们在风暴洋和雨海等地发生大面积陷落结束以后才出现的。

第谷环形山一直吸引着天文学家、地质学家和广大天文爱好者的注意。1968年1月7日，美国发射的"勘测者"7号月球探测器就降落在第谷环形山北侧不远的地方（西经11°26′，南纬40°53′）。这是人类发射的探测器降落在月球上最南方的一个。它对月壤进行了分析，还拍下了2万多张月球照片，其中拍下了第谷环形山辐射纹的近距照片。从照片上可以看出辐射纹上聚集着许多小环形山。

克拉维环形山：这是以德国的数学家和天文学家克拉维（1537—1612）的名字命名的。它位于月面西经14°，南纬58°，直径约240千米，环壁严重崩塌，很像盆地周围的丘陵。在它的底部和环壁上还有很多环形山，其中环壁上两个较大的环形山，一个叫波特环形山，直径约52千米；另一个叫卢瑟福环形山，直径约54千米。可以想象，这里的地形和地势是多么错综复杂，恐怕在地球上是找不到这类难以认清的重叠的地貌结构了。

克拉维环形山不仅以其大而闻名，更以它身经亿万年的龙钟老态被月质学家们所选中，树立它为古老环形山的代表。它的特点是：面积大；环壁崩塌，失去当年的原始面貌；底部平坦，没有中央丘；重叠着很多后生的环形山。

贝利环形山：是以法国天文学家贝利（1736—1793）的名字命名。它位于月面西经60°，南纬67°，直径约303千米，是月球上最大的环形山，属于克拉维类型。

牛顿环形山：是以英国物理学家和天文学家牛顿（1642—1727）的名字命名。它位于月面西经17°，南纬77°，直径约64千米，据说它可能是月球上最深的环形山之一。

另外，在莫罗利卡斯环形山周围不仅环形山密度大，并且这里的一些环形山也比较高。这是以意大利数学家莫利卡斯（1494—1575）的名字命名的，它的位置在月面东经14°，南纬42°，直径114千米，环壁高达4 730米。

南极点虽然无法直接观测到，但提供南极点附近的几个目标可帮助判断南极点。在南极点之东约3°的地方有一个环形山叫阿孟德森环形山，直径约100千米，东经90°经线正穿过它；在南极点之西约7°的地方有一个叫德里加尔斯基环形山，直径约176千米，西经90°经线正穿过它；从南极点往北约5°处有一个叫玛兰波特环形山，直径约55千米，中央0°经线正穿过它。在这三个环形山经度的交点处，就是南极点。恰巧在南极点有一个小环形山。

诚然，关于月球南极陆地的特征，远不如我们对月球赤道区域了解得多，还有待进一步的认识。

▪•••➡ 知识点

湿　海

湿海是一个位于月球正面的小型环状月海，横跨约389千米。

湿海曾是一个古老的撞击盆地，后来被火山熔岩淹没和填满，周围的山

脉标示出了撞击盆地的边缘，但是在一些部位火山熔岩漫过了盆地的边缘，由西北方漫过了南部的风暴洋。

在阿波罗工程中并没有对湿海进行采样，因而还不能确定它的准确年龄。但是，地质绘图显示它的年龄大约为 39±5 亿年。

月面上最大的平原——风暴洋

唐代大诗人杜甫在描述月亮时写到："斫却月中桂，清光应更多。"神话故事中的月中桂树，主要就是指月面左边的黑暗部分，即月海区，风暴洋就在这个区域。风暴洋这个名称听起来很可怕，其实这里既无风暴，更不像地球上烟波浩渺的汪洋，名不符实。它只是月面上宁静而辽阔的平原，而且是月面上最大的平原，唯一的"洋"。

农历每月十五以后，才能看到风暴洋的全貌。通过天文望远镜观察，风暴洋和月面西部的雨海、知海、湿海和云海及北部的冷海相通，构成一幅极其浩瀚的壮观图景。整个西部"海域"和东部零散分布的月海形成鲜明的对比。西部"海域"的特征一是面积大，是东部月海面积的 3 倍左右，占西部月面约 3/4；二是个数少，只有 5 个；三是以风暴洋为中心，连成一片。

风暴洋的位置处于大约北纬 60°至南纬 20°，西经 85°至东经 10°之间；南北向最大距离约 2 400 千米，东西向最大距离约 2 900 千米；整个面积约 500 万平方千米，比其他所有月海面积之和还大一些。风暴洋的东北部和环形的雨海相通，北面的露湾和冷海相连。露湾的面积约 20 多万平方千米，比危海的面积还大；东岸一直延伸到月面的中央区，那里有中央湾和暑湾。南部的知海、湿海和云海连在一起，形成与南部著名的山区相毗邻的格局；整个西部洋岸错综复杂，各种形态的半岛和岛屿显现出典型的海洋特征。

风暴洋以千姿百态的地势风貌给天文观测者留下深刻的印象。它的地势特征可以归纳如下。

第一，风暴洋中的岛屿甚多。以北纬约 10°，西经约 20°的哥白尼环形山为中心的周围就是一个引人注目的大岛，大约有 20 万平方千米；在该岛西边不远的地方，又有一个以开普勒环形山为中心的奇形怪状的岛。在这个岛周围还伴有很多小岛；在风暴洋和雨海相通的洋面上有一个近似长方形的岛屿，该岛上也有一个著名的环形山，叫阿里斯塔克；西岸附近的小岛更是星罗棋布。在风暴洋和知海之间矗立着长达 200 多千米的里菲山脉，它像一座拔地而起的洋和海的分水岭。

第二，具有明亮辐射纹长的环形山最多。观赏明月，人们常被月面几处具有明亮辐射纹的亮斑所吸引。这些辐射纹的中心亮斑就是环形山，最清晰的就是云海之南的第谷环形山。在风暴洋中还有 3 处这样的环形山，它们是哥白尼环形山、开普勒环形山和阿里塔克环形山。这些美丽的辐射纹在暗灰色洋面背景衬托下，显得格外迷人，像 3 颗明珠，在强烈的阳光下光彩夺目。哥白尼环形山直径 90 千米，辐射纹直径约 1 200 千米。由于它位于月面中心附近，辐射纹显得特别清楚。美国发射的探月飞船拍下了许多照片，原来辐射纹上还存在许多小环形山，环壁中间有隆起的中央丘。开普勒环形山的直径约 32 千米，辐射纹长约 640 千米。阿里斯塔克环形山直径约 40 千米，辐射纹长约 430 千米，它以有时发出奇异的光辉而闻名。1958 年苏联天文学家科齐列夫曾拍下它发出粉红色光辉的光谱照片。1969 年 7 月 21 日，美国"阿波罗" 11 号载人飞船在环绕月球运行时，宇航员阿姆斯特朗恰好发现它发出荧光。至于为什么会发出短时的奇异光辉，现在尚无确切的解释。有人认为是从环形山内喷出的气体，有的则认为是由于太阳上射出的质子流引起的。

第三，风暴洋及其内部的各种地势，应与雨海、知海、湿海和云海看成一个演化整体。当然，它们形成或许有先后之分，但是，作为相通的近邻，又必有其内在的演化联系。比如，风暴洋的西部和南部就存在明显的陆地和海洋之间的过渡地带。根据测量表明，陆区的月壳厚度约为 40 ~ 60 千米，海区的月壳厚度约在 20 千米以下，过渡带的月壳厚度一般在 30 ~ 40 千米之间。湿海和云海等于是风暴洋伸向南部陆地的近海，它们的岸边地势非常复杂。云海东部海面有长约 200 千米的直壁，西南边缘有疫沼和长 280 多千米的赫西奥杜斯月溪，西岸有长 200 千米、宽 5 千米的伊巴勒月溪。湿海比月球平均水准面低 5 200 米，西岸有 200 多千米长的利比克峭壁。

第四，风暴洋周围著名的环形山最多。在东岸有托勒密环形山、阿尔芬斯环形山、阿尔札赫环形山；西部有加桑迪环形山、列特龙环形山、格里马第环形山、里希奥利环形山、赫韦斯环形山、卡达努斯环形山、克拉夫特环

形山和罗素环形山。西北部有毕达哥拉斯环形山。处在正面和背面分界线上的有爱因斯坦环形山。处在西部洋面上的还有伽利略环形山。

对风暴洋的探测：1969年11月19日，美国"阿波罗"12号载人飞船在风暴洋洋面（西经23°20′，南纬3°02′）着陆，距离1967年4月19日美国发射到月面的"勘测者"3号仅180米远。宇航员在月面活动两次，共7小时53分钟。活动离登月舱最远达900米，带回59千克月壤和月尘的样品。其结晶岩石主要为玄武岩，这是月海的共同特征。鉴定表明：风暴洋的玄武岩是目前已知几个月海中最年轻的。从目前已取得的岩石样品测定：静海玄武岩年龄在35亿~38亿年；澄海玄武岩年龄在37亿~37.9亿年；丰富海玄武岩年龄在34.5亿年；雨海玄武岩年龄在33亿~34.5亿年；风暴洋玄武岩年龄在32亿~33亿年。

1971年2月4日，美国"阿波罗"14号载人飞船在风暴洋中的高地（西经17°27′，南纬3°40′）上的弗拉摩洛环形山以北，哥白尼环形山以南约390千米处着陆。宇航员在月面活动8个小时54分，最远活动范围为3.6千米。使用手推车在3个地方采集了样品：着陆区西面的平原；高100米山脊上的月壤；一个直径为340米的较年轻的环形山喷发出的沉积物。带回的50千克岩石和月壤样品中，大多数为长石质的角砾岩，它们充分显示出受冲击和热效应的特征。着陆区的月壤层厚8.5米，不仅有颗粒形的表土，还有因受冲击而形成的玻璃球粒。

总之，风暴洋不仅以大而显赫，更以地形多样、地势复杂而闻名。对风暴洋的探测和研究，将有助于人类对月球起源和演化的进一步认识。

巨大的圆形广场——雨海

遥望明月，在圆圆的月面左上方，有一片近似圆形的暗灰色区域，被称为雨海。当然，月球上没有大气和水，因此，这里不是名副其实的"雨海"，而只是月球上的平原。"雨海"这一美称是意大利天文学家里希奥利于1651年命名的，至今已有300年以上的历史了。它以典型的环形结构和复杂的地势而闻名。

通过天文望远镜，我们可以清晰地看到雨海恰似一个巨大的圆形广场。

虽然伽利略没有绘出这部分月面图，但是，在1643年波兰天文学家赫韦斯画的月面图上，就十分清楚地画出了雨海的位置、形状和周围的环境特征。雨海位于月面的西北部，大约在北纬15°~50°、东经10°至西经40°之间。它的北面隔着一条高地与东西走向的冷海为邻；东边地势起伏很大，山高谷深，峭壁悬崖，由弗雷斯内尔海角与澄海相通；南部同以著名的哥白尼环形山为中心的高地和伸向陆地的暑湾毗连；西侧主要同浩瀚的风暴洋相连，一眼望去，雨海像是风暴洋的一个海湾。从字义上看，这里的自然环境似乎十分恶劣，好像处在暴风骤雨袭击之下，其实，这里乃是万籁俱寂。

雨海的总面积大约为887 000平方千米，比我国青海省的面积稍大一点。在22个月海中，面积仅次于风暴洋，居第二位。它和风暴洋、澄海、静海、云海、酒海和知海构成月海带，并以典型的环形月海著称。

雨海从地形的角度看是封闭的圆环形，它被群山环抱，是一个典型的盆地结构。它的东北部有阿尔卑斯山脉；东边有高加索山脉和亚平宁山脉；南面有喀尔巴阡山脉；西部虽然与风暴洋连成一片，但是有较小的前驱山脉；西北方有朱拉山脉；正北有直列山脉和泰纳里夫山脉；在东部海中有斯皮兹柏金西斯山脉。目前已知整个月球上共有15条山脉，而雨海周围就有9条，这在月海中是独一无二的。因此，有些科学家联想到地球上太平洋周围也有断断续续的山脉环绕，从而探索类地天体构造的共同规律。

雨海和它周围的地势构成了一个整体。如果通过天文望远镜直接观察雨海的东岸，这里的地势会使人有错综复杂之感。弗雷斯纳尔海角将隔开雨海和澄海的大山脉拦腰割断，北段就是高加索山脉，南段就是亚平宁山脉，从而使雨海和澄海相通。雄伟的亚平宁山脉长640千米，是月球上最大的山脉。向着雨海的一侧坡度陡急，形成悬崖峭壁，高出雨海3 000多米，而向外一侧则比较平缓。1971年7月26日美国发射的"阿波罗"15号宇宙飞船的登月舱就降落在亚平宁山脉北部哈德利山西侧的哈德利峡谷。这是到现在为止，人类登上离月球赤道最远的地区，大约在北纬26°26′。宇航员们第一次驾驶着机动的月球车在这里考察，并爬到高耸的亚平宁山山坡，采集了一批岩石和土壤，为进一步研究月陆和月海的变迁带回了可靠的样品。

月面上还有一些蜿蜒数百千米长、几千米宽的大裂缝，看起来很像地球上的沟壑或谷地，较宽的称为月谷，较窄的称为月溪。雨海这里既有月谷，

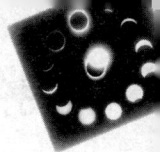

又有月溪。在"阿波罗"15号登月舱着陆点的西侧,就有一条名为哈德利月溪。它长100多千米,宽1.5千米,深400米,是最清晰的月溪之一。在雨海东北部的阿尔卑斯山区,有一条长130千米、宽10多千米的大峡谷。它的外形整齐笔直,把雨海和冷海沟通,这就是非常著名的阿尔卑斯月谷。从一般的天文望远镜里都能清楚地看出它独特的外形,很像地球上的苏伊士运河。当然,谁也不会相信它是人工开凿的。

在雨海的北岸,我们可以看到著名的柏拉图环形山。它的直径有96千米,底部和雨海"海面"一样高。早在1878年,有人曾几次观测到柏拉图环形山底部随太阳在月球天空的高度不同而变幻着明暗。1949年4月,有人发现柏拉图环形山底部出现一次金黄色的闪光。这些奇妙的现象虽然还不能给出正确的解释,然而,由此可以看出不少观测者是一直注视着这里的变化的。在阿尔卑斯山脉和高加索山脉之间,在雨海的海面上有一座直径58千米的环形山,它是以意大利天文学家卡西尼的名字命名的。这是由于卡西尼根据自己多年观测,于1680年画出精细的月面图,并发现月亮运动的三条规律。卡西尼环形山西边有一个貌不出众的小山,在空旷的海面上,它显得形单影只,叫皮同山。其实它是一座长约28千米,高约2 300米的大山,阳光斜照产生的阴影可以长到它高度的30倍。雨海东部还有3个极为明显的环形山,它们是阿基米德环形山、奥托里环形山和阿里斯基洋环形山。值得一说的还有阿基米德环形山。它和柏拉图环形山一样,坑底与月海面一样高,一样平坦,只有环状壁的顶端露出海面。这是一类比较老的环形山,它们是在月海形成之前产生的。有的月面学家就选择它作为这个时期的代表,也作为划分月面史的一个标志,叫阿基米德纪。在亚平宁山脉的南端,还有一个大名鼎鼎的环形山,叫爱拉托逊环形山。它在东西向上把亚平宁山脉和喀尔巴阡山脉分开;在南北向上它是雨海和暑湾的分水岭。爱拉托逊环形山的直径约59千米,外形还保存着形成时期的样子,然而已失去了辐射纹。它应该是在月海形成之后出现的,比柏拉图环形山和阿基米德环形山年轻得多。有的科学家把那个时代称之为爱拉托逊纪。这些具有不同演化阶段的环形山为壮观的雨海添色增辉。

月海伸向月陆的部分称为"湾"或"沼"。月球上共有5个湾和3个沼,而雨海区就有2个湾和1个沼。它们是西北崖的虹湾和阿基米德环形山旁的眉月湾,以及亚平宁山脉和阿基米德环形山之间的腐沼。虹湾像半个环壁镶在雨海的西北岸。通过天文望远镜观测，它的形状非常像地球上雨后弯弯的彩虹，虹湾也就因此而得名。其实，它是一个外围被朱拉山脉环绕的大环形山，直径约有290千米。它的一半已被雨海熔岩掩盖，被掩环壁的痕迹还可以见到，没有被掩的环壁部分就是虹湾。1970年11月10日，苏联发射的"月球"17号飞船就降落在虹湾南边，把第一辆月球车放到雨海。

雨海区域的地势是非常复杂的，又是极为壮观的，因为它囊括了月面构造的多种多样的类型，所以很早就引起天文学家和地质学家的重视。

雨海是怎样形成的？这不仅是一个迷人的问题，而且是月面学研究的重要课题。一般说来，关于雨海的形成有两种解释。一种认为大约在39亿年前，一颗巨大的陨星（或小行星）撞击在月面上，形成巨大的坑穴。然后，陨星坑的四周引起山崩和断裂，形成更大的月海盆地，亚平宁山脉和高加索山脉就是当时的断层。大约在31亿年前，陨星冲击诱发，使大量的熔岩涌出，熔岩淹没了月海盆地内部，形成了今天的雨海。这就是所谓的"雨海事件"。另一种解释认为，月海是月球自身演化的结果，大体上都是在同一时期内形成的。当然，尽管近20年来人类对月球的认识深入多了，但是雨海的产生仍是有待研究的课题。

⋯⋯▶▶ 知识点

陨 星

陨星是指飞进地球大气层经过破坏性作用后残存下来成的一块或数块落到地面的来自星际空间的固体颗粒。大约92.8%的陨星的主要成分是二氧化硅（也就是普通岩石），5.7%的成分是铁和镍，其他的陨石是这三种物质的混合物。含石量大的陨星称为陨石，含铁量大的陨星称为陨铁。

环形山主导的月背

由于月球绕轴自转的周期与绕地球公转的周期相同，都是27.3天，所以它总是以同一面对着地球，它的背面永不被我们看见，成为千古之谜。

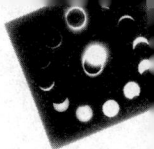

　　直到 1959 年，没有一个人能说清楚月球背面究竟是什么样的。那一年，苏联成功发射了"月球 3 号"火箭，在转到月球背面上空六七万千米时，拍摄了人类有史以来第一批月背照片，并随即把它们传回到地球上的指挥中心。这些月背照片大致覆盖了我们从未见过的月面部分的一半区域。这些照片不是很清楚，只呈现出部分月面构造，无法为科学家们提供详细而精确的信息。尽管如此，这次发射和所取得的成果仍是很有价值的，而且有历史意义。

　　1965 年 7 月 20 日，苏联的"探测器 3 号"空间飞行器，又一次拍摄和发回了月球背面照片。分别在 1966 年 8 月和 11 月发射成功的美国"月球轨道飞行器"1 号和 2 号，也都完成了同样的任务。

　　在此之前，美国早期的空间飞行器，包括"徘徊者号"和"勘测者号"等月球探测器在内，也都从近处拍摄了月球照片并送回地球。即使是在宇航员登月之前，从月球表面收集到的土壤标本，已经摆在了许多科学家的面前。

　　经过几十年的探索和研究，科学家们已得到了月背的大量照片。总的说来，月背的全貌是怎么样的，这个问题已解决。但是，稍微深入一点的话，问题不少。月背现在所提出来的各种新谜，比过去那种仅仅是总体面貌不了解的谜，复杂得多，难解得多。

　　月球背面与正面的最大差异是它的大陆性。在总共 30 来个月球"海"、"洋"和"湖"、"沼"、"湾"当中，90% 以上都在正面，约占半球面积的一半。月背上完整的"海"只有 2 个，占月背半球面积的 10% 还不到。这两个不大的"海"就是莫斯科海和理想海。莫斯科海长约 300 千米，宽约 200 千米。

　　月球背面 90% 左右的地方都是山地，环形山很多，存在许多巨大的同心圆结构，很具特色。比起正面来，

月球背面的照片

月背地形凹凸不平得厉害，起伏更加悬殊。月背的颜色比正面稍红、稍深一些，大概是由于两个半球上山区和"海"的面积相差较多的缘故。

　　为什么月背的结构与正面有那么大的差异？为什么月海都"喜欢"集中在正面？这些都是科学家颇感兴趣的问题。

　　比起正面来，月背环形山之多有过之而无不及，与正面环形山相同之处是各环形山的形状千姿百态，千奇百怪，有的也是相互交织在一起。欧姆环形山等跟正面的第谷和哥白尼环形山相像，也都带着长短不等的辐射纹。

　　不同的是，月背环形山多而且大，只要你看一眼月背照片，立即就会得出这样的概念：环形山是月背的主要特征，它在月背面貌中占有无可争辩的主导地位。更加使你惊讶的大概是它的环形山链。好些环形山像糖葫芦那样串联在一起，弯弯曲曲地延伸好几百千米，最长的超过 1 000 千米，这样的地形结构使人叹为观止。

　　月球正面的南部，环形山较多；而月背的北极地区地形极为复杂，许多环形山相互叠加和交织在一起，形态别致。

　　月球正面有好几条著名山脉，如阿尔卑斯山脉、亚平宁山脉等。严格说起来，月背没有明显的山脉。退一步说，如果降低要求，把莫斯科海的四周海岸、一些环形山环壁和线状地形等，也说成是山脉的话，也许可以勉强过得去。

　　一般书上说月球直径 3 476 千米，或者半径 1 738 千米，都指的是平均直径或平均半径。由于月球并非正球体，有的地方鼓起来一些，半径就比平均半径长些；凹陷下去的地方的半径小于平均半径。

　　月球的最长半径和最短半径都在月背那个半球上，真出咄咄"怪"事。最长半径比平均半径长 4 千米，最短半径在一片叫做"范德格拉夫洼地"那里，比平均半径短了 5 千米。范德格拉夫洼地位于月背的南半球，直径约 210 千米，它本身的深度约 4 千米。它不仅是本地区中最令人感兴趣的一个区域，在某些方面还是独一无二的。譬如说，它的磁场比周围地区的都强，而且还有点异常；放射性的情况也是这样。这种异常情况是否跟它的特殊构造有关系呢？

　　月球正面情况科学家们是比较熟悉的，谁知月背情况竟与正面有那么多和那么大的差异。人们自然要问：这是为什么呢？

　　一种意见认为：对地球的人来说是发生了一次月全食的时候，对月球来说，那是一次长时间的日全食。原来被太阳烤得特别热的月球正面，突然被地球影子遮住，而且长时间地处于温度特别低的情况下。这样，久而久之，月球正面月壳就会从开始出现小破裂，到后来发生巨大地破裂。

反对者的意见是：月球上发生日全食时，月面温度剧烈变化是事实，形成局部的微不足道的破裂也有可能。但是，月面物质传递的本领是很差的，所以，充其量月面温度变化至多只影响月面以下几厘米的地方，而不会造成我们现在所看到的正背两面那么大的差别。再说，月球上发生日全食是常有的事，如果同意那种观点的话，岂非要承认月球上现在也在经常不断地发生那种实际上并不存在的大破裂吗？

另一种意见是：地球吸引月球而使月球本体发生像潮水涨落那样的现象，这种被称为"固体潮"的作用当然是很小的。但是，不管潮汐作用有多大，由于正面离地球近而受到的作用大，这也会造成月球正背两面的差异。

不少人认为这种见解也是不能成立的。月球正背两面所受到的地球潮汐作用确实是有差别的，正面受到的要大一些。但是，计算结果表明，大概只相差5‰，潮汐作用的微小差别根本不可能造成正背两半球面貌那么大差别。

看来，月球正背两面的差别不能用外部原因来解释，应该从月球本身来找，月背面貌是月球内在力量在形成月壳的过程中，起着主导作用而造成的。尽管我们现在还不清楚月背及其特征究竟是如何形成的，但谜底终究有朝一日会被解开的。

月相、月食、日食常识

YUEXIANG YUESHI RISHI CHANGSHI

无论是月相，还是月食和日食，都是月亮相对地球和太阳位置关系的变化而引起的自然现象。"人有悲欢离合，月有阴晴圆缺"，这里的圆缺指的就是"月相变化"，而且这些月相变化都是有其内在规律的，是经过一段时间可以循环出现的，并非古人所言的是天神旨意的表征。

时至今日，人类已经弄清楚了这些月相产生的原因和变化规律，人类可以像天神一样可以预知月球的这些变化了，在人们眼中，月亮再也不是敬畏的对象了，但依然美丽。

什么是月相

随着月亮每天在星空中自西向东移动一大段距离，它的形状也在不断地变化着，这就是月亮位相变化，叫做月相。"人有悲欢离合，月有阴晴圆缺"，这里的圆缺就是指"月相变化"：在地球上所看到的月球被日光照亮部分的不同形象。月相是天文学中对于地球上看到的月球被太阳照明部分的称呼。

月球环绕地球旋转时，地球、月球、太阳之间的相对位置不断地变化，

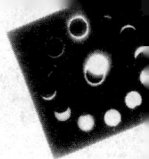

并且在一个月中有规律地变动。地球上的人所看到的、被太阳光照亮的月球部分的形状也有规律地变化，从而产生了月相的变化。另一个原因是月球的表面是由岩石和尘土构成的，它和地球一样自己不会发光，因此我们看到的月亮相位是月亮反射阳光的部分，其阴影部分是月球自己的阴暗面。

自新月开始，相位在一个太阴月内的变化次序是：新月、上弦、望、下弦。在太阴月内，自新月算起的时间长度叫月令，如望的月令为 14 天等。在新月的前后从地球看到的月亮日照面呈蛾眉状，上弦时可见到半幅月轮，而望的前后，月亮的日照部分呈凸圆状。上弦月与下弦月不同，因为上弦时从地球上看到的是其月轮的西半幅，而下弦时见到的则是它的东半幅。

月相变化周期，即从朔（望）到朔（望）的时间间隔叫做朔望月。朔望月比恒星月长，平均为 29.5306 天，即 29 日 12 时 44 分 3 秒。我国农历中的月份就是根据朔望月定的。每个月的朔为农历月的初一，望为十五或十六。现在我们过的春节、端午、重阳和中秋等节日都是根据农历确定的节日。

知识点

太阴月

又叫朔望月、月相周期，定义是月球绕地球公转相对于太阳的平均周期，即为月相盈亏的周期。以从朔到下一次朔或从望到下一次望的时间间隔为长度，平均为 29.53059 天。

当月亮处于太阳和地球之间时，它的黑暗半球对着我们，我们根本无法看到月亮的任何一点形象，这就是"朔"。逢朔日，月亮和太阳同时从东方升起，即使地球把太阳光反射到月亮，然后再由月亮反射回来的那部分光，也完全淹没在强烈的太阳光辉中。

月相的更替

月球是地球的卫星，而月球与太阳之间隔着一个地球。月球不停地绕地球旋转，当它转到地球和太阳中间的时候，它被太阳光照亮的那一半正好背着地球，向着地球的是黑暗的一半，这时我们在地球上完全看不到月球，称之为"朔"或"新月"，也就是夏历每月初一。

经过两天后，月球向东移动了25°，从地球上可以看到月球被照亮半球的一小部分，这时月球呈现为月牙形，月牙的凸面向右，朝向太阳。月球继续朝前旋转，在朔日后一周，月球向东移动了1/4周，到了夏历初七、八，太阳落山，月球已经在头顶，到了半夜，月球才落下去，这时被太阳照亮的月球，恰好有一半给你看到，称之为"上弦"。

月牙

在这以后，月球继续向东运行，我们可以看见月球亮面的大部分；上弦之后一周，到了夏历十五、十六，月球转到地球的另一面。这时地球在太阳和月亮的中间，月球被太阳照亮的那一半正好对着地球，此时我们看到的是满月，或称之为"望"。由于月球正好在太阳的对面，故太阳在西边落下，月球则从东边升起，到了月球落下，太阳又从东边上升了。

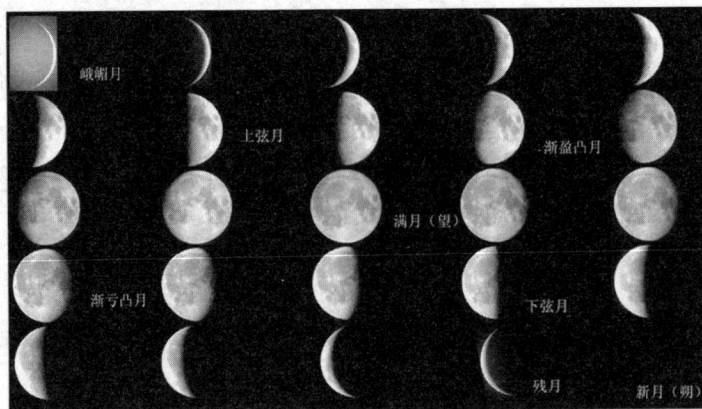

月相的变化过程

满月以后，月球升起的时间一天比一天迟了，月球亮的部分也一天比一天看到的小了。在满月后一周，到了夏历二十三，满月亏去了一半，而且半夜才升上来，这就是"下弦"。但和上弦月相反，我们看见月球圆面的左半面是明亮的。

下弦之后，月球的明亮部分继续亏，月球又成月牙形，月牙凸面向左朝向太阳（残月）；快到月底的时候，月球又将旋转到地球和太阳中间，在日出之前不久，残月才又由东方升起。到了下月初一，又是新月，开始新的循环。

朔之后，日落不久，月牙就出现在西方地平线附近。日期愈往后，月球离太阳愈远，日落不久，月球出现在天空的西南方；上弦那一天，日落时，上弦月出现在正南，到子夜月球才下没，前半夜可以看见月球；上弦之后，月球下没时间越来越迟，前半夜以后的大半个夜晚可以看见月球；到了望日，日没时，月球升起，整个夜晚都可看到月球；下弦月，子夜时才升起，后半夜才能看到月球。以后，月球升起的时间越来越晚，残月则在日出前才升起，黎明时月球出现在东地平线附近。

月相的种类

月相是以日月黄经差度数（以下的度数就是日月黄经差值）来算的，共划分为 8 种：

新月（农历初一日，即朔日）：0°；

上蛾眉月（一般为农历的初二夜左右至初七日左右）：0 ~ 90°；

上弦月（农历初八左右）：90°；

渐盈凸月（农历初九左右至十四左右）：90 ~ 180°；

满月（望日，农历十五日夜或十六日左右）：180°；

渐亏凸月（农历十六左右至二十三左右）：180 ~ 270°；

下弦月（农历二十三左右）：270°；

残月（农历二十四左右至月末）：270 ~ 360°；

另外，农历月最后一天称为晦日，即不见月亮；

以上有 4 种为主要月相：新月（农历初一日），上弦（农历初八左右），

月相的种类

满月（农历十五日左右），下弦（农历二十三左右），它们都有明确的发生时刻，是经过精密的轨道计算得出的。

月相的识别

假设满月是一个圆形，那么无论月相如何变化，它的上下两个顶点的连线都一定是这个圆形的直径（月食的时候月相是不规则的）。当我们看到的月相外边缘是接近反 C 字母形状时，那么这时的月相则是农历十五日以前的月相；相反，当我们看到的月相外边缘是接近 C 字母形状时，那么这时的月相则是农历十五日以后的月相。

月相变化歌

初一新月不可见，只缘身陷日地中。
初七初八上弦月，半轮圆月面朝西。
满月出在十五六，地球一肩挑日月。
二十二三下弦月，月面朝东下半夜。

在朔和上弦之间的"月牙"称之为新月，在望和下弦之间的"月牙"称之为残月。

一个口诀（方便记忆）：上上上西西、下下下东东——意思是：上弦月出现在农历月的上半月的上半夜，月面朝西，位于西半天空；下弦月出现在农历月的下半月的下半夜，月面朝东，位于东半天空。

···▶ 知识点

月到中秋分外明

中秋节晚间，一轮圆月高高挂起，天空也好像被洗过了似的，湛蓝湛蓝的，洒在地上的银白色月光，给人宁静、安谧的感觉。怀着舒畅和美满心情的人们抬头望明月，觉得月色特好，月亮格外明亮。"月到中秋分外明"的说法流传得非常之广。

一般说来，中秋前后是一年中天气最好的季节。在这之前，在夏季的很长一段时间里，从海洋上吹来的、湿度很大的暖空气，一直滞留在我国很多地区上空，月光是很难穿过云层和它所含的水汽的。我们从地球上看月亮，觉得它好像老是披了一层薄薄的白纱，发出柔和的光辉，但并不那么皎洁。每年农历八月份之后，从北方吹来干燥而有点寒意的空气，把暖而湿的空气驱跑了，天高气爽，天空透明度加大，人们觉得月亮也似乎变得分外明亮了。

什么是月食

好端端的一个圆圆的月亮，突然在一个角上出现了黑影，而且还在不断地扩大，扩大到一定的程度之后，有时甚至把整个月亮都遮住了。经过一段时间之后，黑影又一步步往外退，最后是黑影全部退出月面，月亮恢复原来的样子。这是一次月食的全部过程。

也曾有人把那个突然"光临"的黑影称为"野月亮"，平常我们看到的那个明亮的月亮就被称为"家月亮"，月食就被叫做"野月吃家月"。

其实，我们的地球只有一个月亮，至于那个被称为"野月亮"的黑影，它既不是月亮，更无所谓"野"，它实际上只是我们地球自己的影子罢了。我们把这种现象叫做月食。一般来说，每一两年我们总能看到一次月食，几乎任何人都在一生中至少看到过一次条件比较好的月食。对于这种地球影子把月球遮住了的现象，很多人都以愉快的心情进行观测。

美丽的月食

可是，在古代，人们不知道发生月食和日食的原因，对这种现象感到害怕。即使是在今天，在非洲的一些原始部落里，日食和月食仍旧引起人们很大的恐慌。航海家哥伦布于1504年作第四次远航时，传说他因为知道即将发生月食，而救了他自己和全体船员。

当时，哥伦布的船队急需粮食等给养，如果弄不到即将被饿死。他请求当地的印第安人予以帮助，但遭到拒绝。他于是就吓唬他们，对他们的领袖说，上帝为此非常生气，将用饥荒来惩罚他们，并用把月亮从天空中移走作为即将惩罚他们的信号。

当月食果然像哥伦布所预告的那样发生的时候，印第安人惊慌失措到了极点。他们答应，如果哥伦布能说服上帝把月亮还给他们，就同意供应哥伦布所需要的粮食和其他一切给养。月食结束，月亮出来之后，印第安人履行了自己的诺言。

月食的形成

月食是一种特殊的天文现象，指当月球行至地球的阴影后时，太阳光被地球遮住。所以每当农历十五日前后可能就会出现月食。

地球在某个平面上绕着太阳转圈。举个例子来说，我们假定太阳位于餐

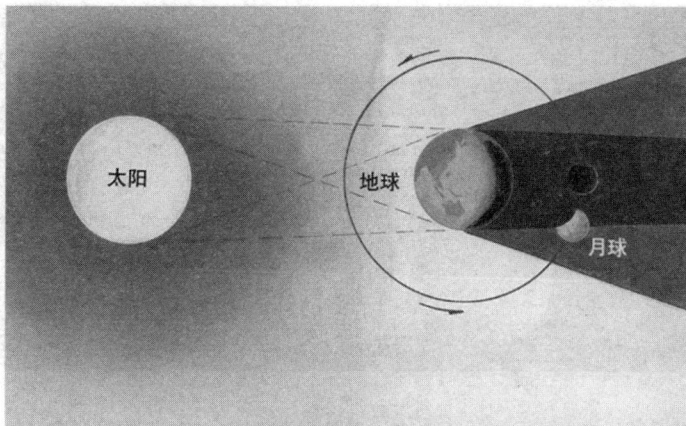

月食形成的原因

厅内某圆桌的中央，地球则是在圆桌边上绕着它转，月球围绕地球运动的轨道与圆桌面斜交，形成的角约 5°。这就是为什么并非每个满月时都会发生月食。地球是一个不能自己发光的天体，被太阳照亮的半个地球是白天，得不到太阳光的另外半个地球就是夜晚。在阳光的照耀下，物体后面都拖着一条影子，地球也不例外。尽管随着地球、太阳之间距离的变化，地影有长有短，但无论是在什么样的情况下，它永远是一条紧接在地球后面的巨大无比的"尾巴"。地球的这条影子尾巴平均长 138 万多千米，最短也不会短于 136 万千米，最长则可超过 140 万千米。月球一般都是从这条影子的上面或者下面走过去。要是满月时，月球也刚好是在地球的轨道平面内时，地球影子就会把月球遮住而发生月食。

也就是说，此时的太阳、地球、月球恰好（或几乎）在同一条直线，因此从太阳照射到月球的光线，会被地球所掩盖。

以地球而言，当月食发生的时候，太阳和月球的方向会相差 180°，所以月食必定发生在"望"（即农历十五日前后）。要注意的是，由于太阳和月球在天空的轨道（称为黄道和白道）并不在同一个平面上，而是有约 5° 的交角，所以只有太阳和月球分别位于黄道和白道的两个交点附近，才有机会连成一条直线，产生月食。

月食时总是月亮的东边缘首先进入地影，当月亮与地球本影第一次外切

月食过程

时，这标志着月食的开始，称为初亏；初亏之后月亮慢慢进入地球本影内，当月亮与地球本影第一次内切时标志月全食开始，此时食既；当月亮圆面的中心与地球本影中心最接近的瞬间，称为食甚；食甚过后，月亮慢慢在地球本影内移动，当月亮与地球本影第二次内切时，标志着月全食的终结，称为生光；生光之后，月亮逐渐离开地球本影，当月亮与地球本影第二次外切的瞬间，标志着月食整个过程的完结，称为复圆。所以，月全食也同样有 5 个阶段，即初亏、食既、食甚、生光、复圆；而月偏食则只有初亏、食甚和复圆 3 个阶段。

➤➤➤ 知识点

黄 道

黄道是地球绕太阳公转的轨道平面与天球相交的大圆。由于地球的公转运动受到月球等天体的引力作用，黄道面在空间的位置产生不规则的连续变化。但在变化过程中，瞬时轨道平面总是通过太阳中心。

简单地说，地球一年绕太阳转一周，我们从地球上看成太阳一年在天空中移动一圈，太阳这样移动的路线就叫做黄道，黄道是天球上假设的一个大圆圈，即地球轨道在天球上的投影。

月食的分类

月全食过程

月食可分为月偏食、月全食及半影月食3种。当月球只有部分进入地球的本影时，就会出现月偏食；而当整个月球进入地球的本影之时，就会出现月全食。

至于半影月食，是指月球只是掠过地球的半影区，造成月面亮度极轻微的减弱，很难用肉眼看出差别，因此不为人们所注意。

月球直径约为3 476千米，地球的直径大约是月球的4倍。因为地球的本影锥很长（最短也有136万千米），这远比月亮和地球之间的最大距离还要大得多；在月球轨道处，地球的本影的直径仍相当于月球的2.5倍。所以发生月食时，地球和月亮的中心大致在同一条直线上，月亮就会完全进入地球的本影产生月全食，而永远不会进入地球本影锥尖外的伪本影中，就是说月食不会有月环食现象发生。而如果月球始终只有部分为地球本影遮住时，即只有部分月亮进入地球的本影，就发生月偏食。

太阳的直径比地球的直径大得多，地球的影子可以分为本影和半

半影月食

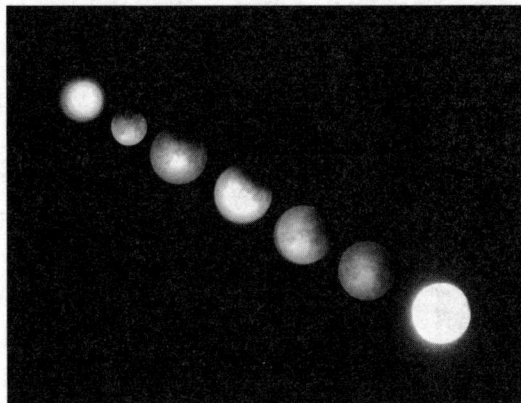
月偏食过程

影。如果月球进入半影区域，太阳的光也可以被遮掩掉一些，这种现象在天文上称为半影月食。由于在半影区阳光仍十分强烈，月面的光度只是极轻微地减弱，多数情况下半影月食不容易用肉眼分辨。一般情况下，由于较不易为人发现，故不称为月食，所以月食只有月全食和月偏食2种。

每年发生月食数一般为2次，最多发生3次，有时一次也不发生。因为在一般情况下，月亮不是从地球本影的上方通过，就是在下方离去，很少穿过或部分通过地球本影，所以一般情况下就不会发生月食。

据观测资料统计，每世纪中半影月食、月偏食、月全食所发生的百分比约为36.60%、34.46%和28.94%。

什么是日食

晴朗的白昼，阳光灿烂，突然间光芒四射的太阳被一个黑影遮挡住，黑影逐渐扩大，有时甚至太阳的整个圆面完全被遮住；这时黑夜突然降临大地，气温骤然下降，天空呈现一片夜色，明亮的星星显露了出来，这就是发生了日食。

日食，特别是日全食，是天空中颇为壮观的景象。如果把日

壮观的日全食

全食的过程拍成一部电影，可以看到这样一些镜头：一个黑影从太阳西边遮来，被遮的面积逐渐扩大，当太阳只剩下一个月牙形时，天色昏暗下来，慢慢地太阳全被遮住。突然，太阳四周喷射出淡蓝色的日冕和红色的日珥。月影不断向东移去，太阳西边缘又露出光芒，大地重见光明，太阳渐渐恢复了本来面貌。

在过去古老的中国、埃及以及其他一些国家，每逢日食将要发生之前，僧侣或者术士们就吓唬老百姓说，一条恶龙或者某个恶魔将要把太阳吃掉，天上从此再也不会有太阳了，除非大家向天祷告并且送上贡品。巫师、巫婆等装神弄鬼的人也都趁此机会威胁人们满足他们的要求，不然的话，他们恫吓说要把太阳从天空中拿走。而当日食开始之后，人们就完全相信巫师讲的，于是巫师要什么，人们就给什么，巫师装模作样一番之后，就宣布太阳再过一阵之后会重新出现。

知识点

倍里珠

在日全食即将开始或结束时，太阳圆面被月球圆面遮住，只留下一圈弯弯的细线，这时往往从黑色的月球边缘突然出现一个或数个发光亮点，形似一串光彩夺目的"珍珠"，或者是指环上的"钻石"。这种"珍珠"的寿命异常短暂，甚至用"昙花一现"来形容它还嫌太长，只要月球继续移动一下，这种现象便立即消逝。这是由于月球圆面边缘高低不平的山峰把太阳发出的光线切断造成的。英国天文学家倍里于1838年和1842年首先描述并研究了这种现象，所以称为倍里珠。

倍里珠现象的产生，是因为月球不是一个光滑的圆球，它的表面山峦起伏、崎岖不平。当月球即将把日轮全部遮没，或是月球即将离开日轮的刹那间，月球边缘总有一个或数个山谷和凹地成为月轮的缺口，太阳光便能穿过这些小小的缺口射向地球，形成一个或一串发光的亮点。此时，整个太阳均已失去了光辉，唯独这个缺口依然明亮刺目，十分壮观。除日全食外，在日环食的过程中也会发生倍里珠现象。

日食的形成及分类

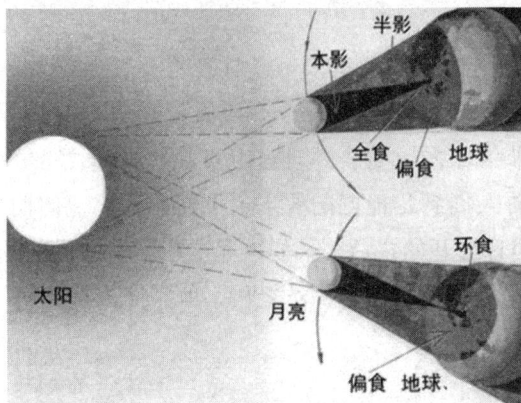

日食发生的原因

新月时，如果月球刚好是在地球和太阳之间，就有可能发生日食。由于日地和月地之间的距离都是有变化的，月球影子的长短也有很大的变化，变化的范围大体从36.7万千米到38.0万千米，而月地之间的平均距离是38.4万千米。从这一点来说，在多数情况下，月球影子达不到地球。

从另一方面来说，如果新月时月球在它绕地球轨道的近地点附近，也就是它离地球比较近的时候，这时它要是刚好在地球和太阳之间的位置上，它的影子就会比月地间距离长几千到几万千米。在这种情况下，就会发生日食，地球上被月球影子覆盖的面积可以达到几千平方千米或更多些。

从上面的叙述可以看出，日食一定发生在朔，即农历初一，但不是所有的朔日都会发生日食。这是因为月亮绕地球运动的轨道平面（白道面）和地球绕太阳运转的轨道面（黄道面）并不是重叠在一起的，而是有一个平均大约为5°09′的倾角。所以在大多数的朔日里，月亮虽然运行到太阳和地球之间，但月影扫不到地面而不会发生日食。据统计，世界上每年至少要发生2次日食，最多时可达5次。

太空卫星日食期间拍到地面月球影子

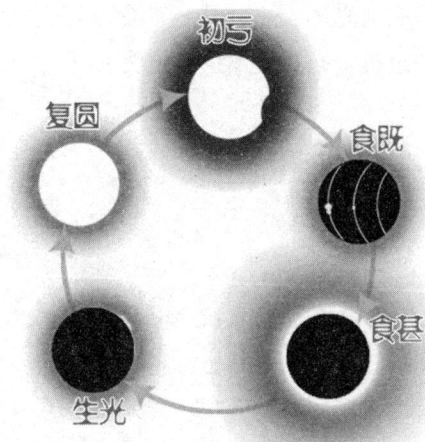

日食过程

由于月亮是自西向东绕地球转动的，所以在发生日食时，总是太阳的西边缘开始被月亮遮住，并慢慢向东边缘发展。一次日全食的全过程共分为5个阶段，即初亏、食既、食甚、生光、复圆。月面的东边缘和日面的西边缘相外切时称为初亏，即日食过程开始的时刻；初亏过后，当月面东边缘与日面的西边缘相内切时称为食既，这是日全食开始；食既以后，当月面的中心和日面的中心相距最近时称为食甚（对偏食来说，食甚是太阳被月亮遮去最多的时刻）；当月面后西边缘和日面的西边缘相内切的瞬间称为生光，这是日全食结束的时刻；生光之后，月面继续移离日面，当月面的西边缘与日面的东边缘外切时称为复圆，日食的全过程到此结束。日偏食时只有初亏、食甚和复圆3个阶段。日环食则与日全食一样，包括初亏、食既、食甚、生光、复圆5个阶段。

日食分日全食、日偏食和日环食。我们知道，月亮是围绕地球转动的，地球又带着月亮一起绕着太阳公转，当月亮运行到太阳和地球之间，三者差不多成一直线时，月影挡住了太阳，于是就发生了日食。月影有本影、伪本影（本影的延长部分）和半影之分。

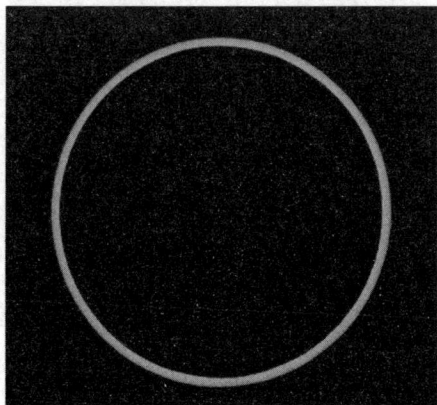

日环食

在月亮本影扫过的地方，那里的阳光全部被遮没，所看到的是日全食；在半影扫过的地方，月亮仅遮住日面的一部分，这时看到的是日偏食。还有时，月亮本影达不到地面，它延伸出的伪本影扫到地面，此时太阳中央的绝大部分被遮住，在周围留有一圈明亮的光环，这就是日环食。天文学家称日环食和日全食为中心食。中心食的过程中必然会发生日偏食。

▪▪▪➤ 知识点

日全食的观察

日全食的景象极为壮丽动人，被誉为天象中的桂冠。日全食开始时，明亮的日轮右侧忽然出现一个圆弧形的缺口，这个渐渐侵入日轮的黑球便是运行到太阳方向的月球。接着日轮愈来愈多地被侵食，最后只剩下蛾眉月般的细细一丝。这时天空迅速变暗，地面也变得昏暗异常，宛如夜幕降临，几颗亮星在天穹显现。忽然间，残留的一丝金线变成了一串明珠，这便是日食时特有的倍里珠现象。

月球的本影或伪本影在地面扫过的区域称为日食带。日食带的宽度一般为几十千米至二三百千米，因此，平均要二三百年才有机会在某一地区看到一次日全食。日全食是如此激动人心，难怪人们往往不远万里赶到能看到日全食的狭窄全食带地区去观测。有幸看到日全食，肯定会留下令人难以忘怀的深刻印象。

人类对日食的观察和记录

古代的观测

古时候由于科学不发达，统治者把日食看做是上天的警告，因此对日食观测抓得非常紧，设有专门机构，整日监视日面上的变化。相传距今已有4 000多年的中国夏朝，有一位叫羲和的天文官因沉湎酒色，漏报了日食而被斩首。据说，从此再也没有一个天文学家敢在观测时玩忽职守了。

由于日光十分强烈，除了日全食之外，是无法用眼睛直接观测太阳的。公元前1世纪，一位叫京房的人采取了一种很巧妙的观测日食的方法。他将

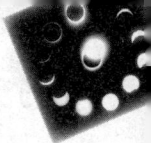

一盆水放在院子里，日食时去观察水中映出的太阳，从而避免眼睛直接接触阳光而被灼伤。后来，人们用油代替水，进一步减少了日光的刺激。13世纪，元代大天文学家郭守敬发明了一种叫仰仪的半球形仪器，里面有刻度，可以比较准确地测定各个食相的时刻，并估计出食分。到了17世纪，望远镜传入了中国，崇尚西学的科学家徐光启用它观测日食，观测精度有了大幅度的提高。

仰 仪

郭守敬

徐光启

　　由于历代都有专门的观测者，因而中国古代留下的日食记录是很丰富的。根据统计，到清代为止，不算甲骨文，只是史书上记载的日食就是1000次以上，这是一份十分宝贵的科学遗产。

　　因为日食计算涉及太阳和月亮的运动，所以，古代不少天文学家利用日食记录来验证自己的历法。而到了上世纪，古代日食记录有了更多的用途。1969年有人利用25次公元2年以前的古日食记录来计算地球自转速率的长期变化（逐渐变慢），这25次中有9次是中国的。世界天文学家普遍认为，中国古代日食记录的可信程度是最高的。

全新的观测方法

在历史上，人们利用日全食时月影挡住日面的特殊条件，观测色球和日冕，取得了重要的科学发现。现在，我们虽然已具备了平时观测太阳色球和日冕的若干手段，但还不能完全取代日全食的观测。最精细的日冕照片仍然是在日全食时拍到的；日全食时拍摄的闪光光谱，仍然是建立太阳光球、色球和日冕大气模型的重要观测资料。因此，在每次发生日全食时，天文学家总是千方百计地，甚至冒着生命危险去观测。

日全食时观测到的日冕

近50多年来，对太阳的射电观测极大地推动了太阳物理学的进展，但是射电观测分辨率低，很难分辨日面上的细节。而在日食时，天文学家可以根据不同时刻月面掩日面的程度及射电望远镜记录的变化，来判断射电源的准确位置，获取高分辨率的太阳射电观测资料。另外，与光学观测相比，射电望远镜还占有两大优势：首先人们感兴趣的是日食时月球掩食日面的过程，而不是日面被全掩的瞬间，所以偏食、环食同样具有观测价值；其次，光学观测日食的功率不大，天气不佳或者日食过程中掠过日面的一片浮云都会使观测前功尽弃，而射电观测受天气影响很小，可以说是旱涝保收。20世纪70

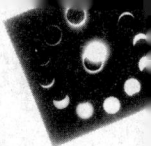

年代中期以前，有关太阳射电的知识大部分是通过日食观测得到的。

半个世纪以来，测定爱因斯坦效应一直是日全食观测的重要内容。天文学家利用日全食验证了爱因斯坦关于太阳的引力能够使光线偏转的预言。广义相对论成功地解释了水星近日点运动后，仍然有一些执著的天文学家热心于在日全食时进行水星行星的探索。

射电望远镜

日食和月食发生的规律

由于月亮围绕地球运动的轨道面（白道面）和地球围绕太阳运动的轨道面（黄道面）有平均5°09′的夹角，所以朔的时候，月亮有时在太阳上方通过，有时在太阳下方通过，并不发生日食。望的时候，月亮有时在地影的上方通过，有时在地影的下方通过，并不发生月食。只有当朔或望的时候，太阳、月亮在黄白交点附近才会发生日食、月食。由于太阳、月亮的视直径都在半度左右，所以当太阳距交点一定角距离内（限角），朔时，太阳就可能被月球遮掩而发生日食。同理，望时，月亮就能进入地影而发生月食。这时，太阳距交点的角距离叫做食限。由于月亮和太阳的视直径随着它们和地球距离的变化而有时大些，有时小些，而且黄白交点也有变化，所以食限也有所变动。根据计算，日食限角最大为17°9′，最小为15°9′之间可能发生日食，也可能不发生日食。同理，望的时候，月食最大限角为11°9′，最小限角为10°0′，就是说，望的时候太阳离开交点的角距离大于10°0′时，地球上一定在某个地方能够看到月食。月食限在10°0′和11°9′之间时，是否发生月食，需精密计算才可知道。

由于黄白交点有两个，太阳在一个历年内通过升交点、降交点各一次，所以一年中有两个时期会发生日食和月食。发生日食、月食的时期叫做食季。日食食限约 18°，运行到交点以东 18°，太阳作周年视运动从交点以西 18°，约需 36 天，所以日食的每一食季为 36 天。对于月食而言，月食食限为 12°，所以月食的每一食季只有 24 天。日食季是 36 天，这比朔望月的长度 29.5306 天要长，因此在一个日食季内必定会发生 1 次日食；一年内至少发生 2 次日食，如果每一食季中包含 2 个朔日（食季始即是朔日，食季尾必有朔日），则会发生 2 次日食，一年就会有 4 次日食发生。由于月食食季只有 24 天，比朔望月的平均长度 29.5306 天短，月食季内可能含有 1 个望日，也可能不包含望日。就是说一年内可能有 2 次月食，可能一次月食都不发生。

如果黄白交点是不变的，那么食季也就在每年相同的一段时间内。但是，事实上黄白交点是变动的，交点的位置每年自东向西移动 19°4′，每 18.6 年在黄道上运行一周。太阳是自西向东在黄道上作周年视运动的，就是说交点迎着太阳运行。这样一来，当太阳从一交点起经过另一交点再回到原来交点运行一周所用的时间，比太阳在黄道上运行一周的时间要短 19 天，为 346.62 天（叫交点年，也叫食年），所以食季平均每年提早 19 天。由于食年比回归年要短 19 天，所以在一历年内太阳可能 3 次经过交点。例如，1 月 1 日通过升交点，半年之后通过降交点，到了年末再一次通过升交点，即是说一年内有两个半食季，这时一年中可能发生 7 次日食、月食（5 次日食、2 次月食，或 4 次日食、3 次月食）。一年中日食次数比看到月食的次数多。对于地球某一地点，实际上看到的月食次数比看到日食的次数多。这是由于发生月食时，背着太阳的半个地球都可看到。而发生日食时，月亮影锥只扫过地球上一个狭窄的地带，只有日食带内的人才能看到日食。尤其是全食带只有 200 多千米宽，有时大部分在大洋地区，因此很少有人能看到日全食。一个地方平均要二三百年才能看到一次日全食。

由于地球绕太阳和月亮绕地球的公转运动和黄白交点的移动都是有规律的，所以相隔一定的时间就会发生一次大致类似的日食、月食。早在古代，巴比伦人就根据对日食和月食的长期统计，发现了日食、月食的循环周期为 233 个朔望月，这个周期叫做沙罗周期，沙罗就是重复的意思。233 个朔望月的时间长度（等于 6585.32 天），等于 19 个食年（等于 6585.78 天），又和

242 个交点月（月亮从交点又回到同一交点的时间间隔，242 个交点月等于 6585.35 天）的时间长度相等。就是说，在一个沙罗周期中，太阳、月亮和黄白交点就又回到原来的相对位置，因此就又发生和上一次相类似的日食、月食了。一个沙罗周期约合 18 年 11 日，如果这期间有 531 年闰年就有 18 年 10 日。由于这个周期不是整日数，所以下一次日食、月食的见食地点和食相与上一次日食、月食的见食地点和食相也会有所变化。我国汉代天文学家对日食、月食作过深入研究，发现日食、月食具有 135 个朔望月的循环周期。135 个朔望月等于 3986.6 天，相当于 11 年少 11 天。就是说在 11 年少 11 天的时间间隔内，类似的日食、月食就重复发生一次。这个循环周期记载在汉代 "三统历" 中，因此又叫 "三统历周期"。

我们在日食和月食的预报中，常常会看到 "食分" 这样一个词，它用来表示食甚时日面或月面被遮掩的程度。对于日偏食，食分是指日面被遮去部分和日面直径之比。以太阳的直径作为 1，如果食分为 0.5，就表示太阳的直径被遮去了一半。对于全食或环食，食分是月面直径与日面直径之比，很显然，日全食的食分总是大于或等于 1，日环食的食分小于 1。对于月偏食，食分是指在食甚时月亮直径被遮的多少和月亮直径之比。如果食分为 0.7，那么就表示月亮的直径被遮去 7/10。对于月全食，食分指月亮直径进入地球本影部分与月亮直径之比，所以月全食时，食分大于 1 或等于 1。

令人费解的月球奇异现象

LING REN FEIJIE DE YUEQIU QIYI XIANXIANG

虽然人类对月球有了一定的认识，如我们已经明确知道了月球的构成、月球的大小、月球的质量、月球的温度以及月球磁场等等，但仍然有很多不甚了解的东西，正所谓：未知的永远比已知的多得多。

到现在为止，世界各国天文学家及其他领域的学者同心协力仍在对月球上这些未知的谜团进行孜孜以求的探讨，以求把这些困扰人类的所谓奇异现象早一点破解。

神秘的月震

1969 年以前，人们谈起月震来，还只是作为一件奇事来猜想，或进行科学推测而已。总之，那时谈月震确实还是一个初步探讨。

人类要想实现登月，必须确切掌握月面环境的状况。月球表面结构如何？月球内部活动怎样？有没有月震？月震的能量有多大？月震的频次有多少？

这些问题直接涉及人类能不能登月，能不能长期在月球上停留。因此，探索月震活动是实现人类登月考察的重要问题之一。

那么，什么是月震呢？恐怕知道月震的人不多，感受过月震的人肯定没有。然而，月震确实存在，并且人类已初步了解了它的一些规律。因此，科学家正在逐步揭开月震之谜。

发生在月球上的地震就叫月震。1969年美国科学家乘"阿波罗"号飞船首次踏上了月球，在月球上架设了5台月震仪，能连续向地球发回月震记录资料，从此人类开始了月震观测与研究。

我们知道，地球每年都发生许多次地震，月球也会发生月震。月球的内部能量已近于枯竭，虽然现在它是一个几近僵死的天体，但仍然有轻微的活动，因此经常有微弱的月震发生。1969年7月，"阿波罗"11号飞船航天员登月后在月球静海西南角设置了检测月震的仪器。此后，相继在月球着陆的几艘"阿波罗"飞船先后在风暴洋东南、弗拉－摩洛地区、亚平宁山区的哈德利峡谷、笛卡尔高地和澄海东南的金牛－利特罗峡谷放置了月震仪。月面上的6台月震仪组成了检

月震测试

测月震的网络，它可以记录月震发生的时间、位置、强度和震源深度。至1977年8年为止，月球上的月震仪共监测到1万多次月震活动。

月震有两大类：深层月震和浅层月震。

深层月震：月震发生于深度达600~1 000千米的月幔之中。

浅层月震：发生在月壳表层0~200千米之内，每年仅发生1~5次，产生于月壳的断裂带上。

从月震图上可以看出来，月震和地震很不一样，一个小地震可使远方的地震仪持续1分钟，而在月球上要持续1小时，震幅迅速增大后，衰减十分缓慢，这种有趣的现象科学家认为可能和月球上缺水和岩石的破裂性质有关。

月震比地震发生的频率小得多，每年约 1 000 次，而地震每年平均达几百万次。月震强度也不如地震大，月震释放的能量也远小于地震，最大的月震震级只相当于地震的 1~2 级。月震的震源深度在月球表面以下 700~1 000 千米处，属深源震；而地震的震源深度仅几十千米到 300 千米，属浅源震或中源震。月震波在月球内部要多次反射回返，持续时间近 1 小时，而地球上这种小地震的地震波在地球内部传播的持续时间不超过 1 分钟。

科学家们通过长期的研究认为，太阳和地球的起潮力是引发月震的主要原因。此外，太阳系内的小天体（如陨石、彗星碎块）撞击月球时，也可以诱发较大的月震。比如 1972 年 7 月 17 日 21 时 50 分 50 秒，在月球背面靠近莫斯科海附近，一块重约 1 吨的巨大陨石撞击月球，产生了一次 3.5~4 级的月震。

月面结构直接裸露在太空环境中，太阳照射时会产生极高温，没有太阳时会变得极严寒，这样的温度突变会引起月面岩石的轻微震动。科学家称这种变化引起的震动为热月震。这种震动在地球上是没有的。

和认识地震一样，我们不仅要了解月震的次数和震级的大小，最主要的是从中探索它震动的规律，查出它震动的内因和外因，使认识达到更深入的层次。地震和月震都是天体的正常活动。一次月震从孕育→发展→发生，这是一个复杂的天体物理和化学变化过程。科学家们潜心研究的就是这些天体的本质。地震学是这样，月震学也是如此。

现在已知月震的空间分布状况是：向着地球的这面比背着地球的那面，发生的月震更多些；在向着地球的一面上，分布着 4 个深月震的震中带；月海区的地震比月陆区多。前面已介绍过深月震居多，已证实出深震源区有 109 个，在这些区域反复发生月震。

与月震的空间分布相对应的时间分布也是很重要的。

科学家们发现，深月震的时间分布有一定的周期规律。深月震的发生与地球和太阳对月球的起潮力有触发性的关系。

浅月震比深月震少很多。从统计来看，在 1 万多次月震记录中，浅月震只有 28 次。但是能量最大的月震就是浅月震，已记录到最大的浅月震为 4.8 级。它们发生在月面下 0~200 千米。浅月震与地月之间的位置无明显关系。有人认为浅月震可能属月球的构造月震，但也有人不同意这个观点，至今仍属奥秘。

　　人们关心月球的问题之一，就是月球内部的结构如何？是否和地球一样？而了解月球内部结构的最好方法就是研究月震波。有人打过一个比喻，说地震波好比一盏灯把地球内部的结构给照亮了，这就是科学家急于在月球上安装测震仪的原因。

　　月球上没有水，也没有空气，是个非常安静的地方，它不像神话中讲的那么有情趣，测震仪每年会记到 600～3 000 次月震，震级多数很小，大约不到 2 级。这使人们想到，月球表面尽管很平静，内部仍然十分活跃。测震仪还能记到陨石撞击月球产生的月震波。登月球的科学家为了研究月球的内部结构，还要在月球上制造人工月震，来计算月震波的波速。根据对月震波的研究，发现月球的绝大部分是固态，也大致分 3 层，外壳、中间层和月核。月核比固体软，但可能还不是液态。

　　通过对月震分析表明：向地球一面的月壳厚度为 60～65 千米；在月幔中有 12 处质量集中区（简称质瘤），大都在月海中央，起因于密度较大的陨石撞击月球后，未被月幔熔化，当受到地球起潮力的吸引，质量重的质瘤旋转向地球的那面，使得月球总是一面对着地球，即与地球同步转动。而背向地球的那面月壳较厚，达 150 千米，密度稍小。深层月震的能量来源恰好是地球起潮力释放的能量，它使质瘤间位置发生微小变化，月震后又回到原来位置，并使得月球每年远离地球 5 厘米而去。

▶▶▶ 知识点

震　级

　　震级是用来表示地震的大小的标量，是以地震仪测定的每次地震活动释放的能量多少来确定的。世界通行的震级标准是里氏分级表，共分 9 个等级。一般情况下，地震愈大，震级的数字也愈大，震级每差一级，通过地震被释放的能量约差 32 倍。

　　震级通常用 M 表示，目前世界上有记录的最大震级是 9.5 级。

辉光现象

月球表面既无大气，也无水分，没有风霜雪雨，没有江河湖海，更不要说鸟语花香的生命现象了。一句话，月球是个死寂的星球。

但是，这并不意味着月面上什么变化都没有发生过，它表面的辉光现象就是一例。月球表面有时突然出现某种发光现象，甚至还有颜色变化，它引起了天文学家们的兴趣和关注。

1958 年 11 月 3 日凌晨，苏联科学家柯兹列夫在观测月球环形山的时候，发现阿尔芬斯环形山口内的中央峰变得又暗又模糊，并发出一种从未见过的红光。2 个多小时之后，他再次观测这片区域时，山峰发出白光，亮度比平常几乎增加了一倍。第二夜，阿尔芬斯环形山才恢复原先的面目。

柯兹列夫认为，他所观测到的是一次比较罕见的月球火山爆发现象。他说，阿尔芬斯环形山中央峰亮度增加的原因，在于从月球内部向外喷出了气体，至于开始时山峰发暗和呈现出红色，那是因为在气体的压力下，火山灰最先冲出了火山口。

柯兹列夫的观点遭到了一些人的反对，其中包括一些颇有名望的天文学家。他们承认阿尔芬斯环形山的异常现象是存在的；但认为不能解释为通常的火山爆发，而是月球局部地区有时发生的气体释放过程。在太阳光的照耀下，即使是冷气体也会表现出柯兹列夫所注意到的那些特征。

早在 1955 年，柯兹列夫就在另一座环形山——阿利斯塔克环形山口，发现过类似的异常发亮现象，他也曾怀疑那是火山喷发。1961 年，柯兹列夫又在阿利斯塔克环形山中央观测到了他熟悉的异常现象，不同的是，光谱分析明确证实这次所溢出的气体是氢气。

这类现象究竟应该怎样解释呢？是火山喷发？还是气体释放？或者是其他什么现象呢？还有待科学家们的进一步研究。

神秘的红色斑点

天文学家们还不止一次在月球面上发现神秘的红色斑点。也是在那个阿利斯塔克环形山,美国洛韦尔天文台的两位天文学家在观测和绘制它及其附近的月面图时,先后两次在这片地区发现了使他们惊讶的红色斑点。

第一次是在1963年10月29日,一共发现了3个斑点:先是在阿利斯塔克以东约65千米处见到了一个椭圆形斑点,呈橙红色,长约8千米,宽约2千米。在它附近的一个小圆斑点清晰可见,直径约2千米。这两处斑点从暗到亮,再到完全消失,大约经历了25分钟的时间。第三个斑点是一条长约17千米、宽约2千米的淡红色条状斑纹,位于阿利斯塔克环形山东南边缘的里侧,出现和消失时间大体上比那两个斑点迟约5分钟。

第二次他们观测到奇异的红斑是在一个月之后的11月27日,也是在阿利斯塔克环形山附近,红斑长约19千米,宽约2千米,存在的时间长达75分钟。这次由于时间比较充裕,不仅有好几位洛韦尔天文台的同事都看到了红斑,还拍下了一些照片。为了证实所观测到的现象是确实存在的,他们还特地给另一个天文台打了电话,告诉那里的朋友们赶快观测月球上的异常现象,但故意没有说清楚是在月球上的什么地方。得到消息的天文台立即用口径175厘米的反射望远镜(那两位洛韦尔台的天文学家用的是口径60厘米折射望远镜)进行搜寻,很快就发现了目标。结果是,两处天文台观测到的红斑的位置完全一致,说明观测无误。红斑确实是存在于月面上的某种现象,而不是地球大气或其他因素造成的幻影。

这两次色彩异常现象都发生在阿利斯塔克环形山区域,而且都是在它开始被阳光照到之后不到两天的时间内。考虑到这些方面,有人认为月面上出现红色斑点的现象可能并不太罕见,只是不知道它们于什么时间、在什么地区出现,而且出现和存在的时间一般都不长,要观测到它们就不那么容易了;此外,需要具备较大和合适的观测仪器,以及丰富的观测经验和技巧;同时,认为这类现象可能与太阳及其活动有关。另一种意见则认为,这类变亮和发光现象经常发生,单是在阿利斯塔克环形山区域,有案可查的类似事件至少在300起以上,表明它们是由于月球内部的某种或某些常存原因引起而形成的。

1969年7月，首次载人登月飞行的"阿波罗"11号宇宙飞船，在到达月球附近和环绕月球飞行时，曾经根据预定计划，对月面上最亮的这片阿利斯塔克环形山地区进行了观测。这座著名环形山的直径约37千米，山壁陡峭而结构复杂，底部粗糙而崎岖。飞船指令长阿姆斯特朗是从环形山的北面进行俯视的。他向地面指挥中心报告说："环形山附近某个地方显然比其周围地区要明亮得多，那里像是存在着某种荧光那样的东西。"遗憾的是，宇航员们没有对所观测到的现象作进一步的解释。

奇妙的红色发光现象

就在洛韦尔天文台的两位科学家发现阿利斯塔克环形山附近的红斑时，英国的两位科学家注意到了另一个著名的环形山——开普勒环形山也存在类似现象。开普勒环形山在阿利斯塔克环形山东南方向，直径约35千米，是带有辐射纹的少数环形山之一。1963年11月1日，英国曼彻斯特大学的两位研究人员，在拍摄开普勒环形山及其附近地区的照片时，注意到就在这片地区内，在2小时内2次出现了红色发光现象，发光面积大得使他们惊讶，每次都超过了10 000平方千米。

他们从三个方面对这次有色现象提出了自己的见解。首先，他们指出持续时间不长而面积那么大的发光现象，不可能由某种月球内部原因造成，而应该是起因于太阳。其次，他们认为，由于月球不存在大气，月面受到紫外线、X射线、伽马射线等全部太阳辐射的猛烈袭击，这时，月面的某些地方有可能被激发而发光，面积也可能比较大。再次，他们明确提出，开普勒环形山这2次发光现象的根源在于太阳面上出现了耀斑。11月1日那天，太阳上出现了2次规模不算大的小耀斑，它们的时间间隔与开普勒环形山的两次红色发光现象的时间间隔基本一致。

两位英国科学家的观点比较新颖，但他们没有得到广泛的支持。如果他们把月面辉光现象与太阳耀斑联系在一起的解释是正确的话，那么，月球发光现象也该有周期性，而且在太阳活动极大、耀斑出现较多的那些年份里，红斑现象也应该出现得更多、更频繁。但观测表明，这样的事从来没有发生过。

无法解释的短暂发光现象

1985 年 5 月 23 日，希腊的一位学者正在调试自己的门径为 11 厘米的折射望远镜。当时月球的月龄为 4，也就是从月朔算起，大体上只过了 4 天的时间。在连续拍摄的 7 张月球照片中，有一张吸引了大家的注意，照片上出现了一个事先没有预料到的清晰的亮点。经过核查，亮点位于月球明暗界线附近的普洛克鲁斯 C 环形山地区。

对此，这位希腊学者提出了一个大胆的假设。他认为：由于月面没有大气，被太阳照亮的月面部分的温度，与没有太阳照亮部分的温度相差悬殊。当太阳从月面上某个地区日出时，也就是从那些正好处在明暗界线附近的地区日出时，一下子从黑夜变为白天的那部分月面温度迅速升高，从零下 100 多摄氏度升到 100 多摄氏度。强烈而迅速的温度变化使得月球岩石胀裂开来，被封闭在岩石下面的气体突然冲到月面，迅速膨胀，产生了明亮而短暂的发光现象。

最近，美国的一位通讯工程师也提出了类似的看法。他曾检测过一些从月球上采集回来的月球岩石标本，发现岩石中含有像氢和氩之类的挥发性气体。他认为，月岩热破裂时释放出来的电子能，完全有可能把挥发性气体点燃，引起短暂的闪光现象。他还表示，他的设想并非毫无根据，据说，月球岩石在地面实验室里进行人工断裂时，确实曾放出过小火花。

过去也确实多次有人在月球明暗界线附近，发现过这类短暂的发光现象。但是，在得不到阳光的月球阴暗部分，也曾观测到过这种闪闪发光现象。这又该如何解释呢？

早在 1787 年，英国著名天文学家赫歇耳就曾观察到过月球表面的红色辉光。最近这些年来，月球上的辉光、雾气、彩斑现象似乎有所增加，这也许与观测手段的发展有关。这些被称为"月球短暂现象"的变幻现象，日益引起各国天文学家的关注。

到目前为止，已经记录到的"月球短暂现象"数以千计，也许其中的一部分是由于大气干扰等原因造成的错觉或幻觉，但短暂现象的存在是否定不了的。

这类短暂现象的范围一般都不大，方圆一二十千米，平均持续时间一二十分钟到半个来小时，而且多数都发生在地质年龄比较轻的那些环形山附近。譬如阿利斯塔克、阿尔芬斯等环形山以及月面洼地的边缘地区。应该相信这绝不是偶然的现象。

至于这些短暂现象的原因是什么，一直是众说纷纭。似乎是证据充分、很有说服力的火山喷发和火山活动学说，也没能得到多数人承认。其中很致命的一点是：不论是地面观测还是宇航员亲临月球的考察，都没能找到新喷射出来的熔岩痕迹，也没有看到月面局部面貌有所改变。前面提到的其他论点，以及认为是地球的潮汐作用触发月震、月震转而又使密封在月岩下面的气体冲向月面等观点，那就更不完善了。

有人把月球短暂现象称作"变幻无常的月球现象"。说它"变幻无常"，反映了我们对它的来龙去脉还不清楚，但事实真相总会有大白的一天，尤其是发生在离我们这么近的月球上的现象。

▶▶▶ **知识点**

月　龄

月龄是指从新月起算各种月相所经历的天数，并以朔望月的近似值29.5日为计算周期。从新月到下一次新月的间隔时间称为一个塑望月。月相和月龄的对应关系大致是：上弦月的月龄为7.4日，满月的月龄为14.8日，下弦月的月龄为22.1日。

由于月球和太阳的运动都不均匀，且月球轨道面、月球赤道面对于黄道面均有倾角存在，因此上述的对应关系只是近似的。在农历中基本上是初一、初七、十五（或十六）、廿二（或廿三）前后。在公历中不存在这种对应关系。

月球是一个中空球体的探索

在人类登上月球之前，科学家们已经知道，"月球的密度大约是地球密度的一半（这里指的是平均密度）"。实际的月球密度约为地球密度的6/10，也

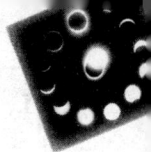

就是说同体积的地球土壤要比同体积的月球"土壤"约重一倍。这使科学家们感到十分困惑，这种差别究竟是如何造成的呢？

科学家中以哈洛德·尤里博士为首的几个人认为，月球的平均密度较小也许是由于"重心"空虚所致。威尔金斯博士则猜测是月球部分中空造成了这一现象。在《我们的月球》一书中，这位英国天文学家这样说明了他得出上述结论的来龙去脉："月球上可能存在着许多自然的空洞和洞穴，它们往往很大。然而，如果月球是以花岗岩同样的过程形成的，那么就不能认为它内部居然会形成体积达 7 720 万立方千米的空洞。""在月面下 32 至 48 千米深的地方，应当多少有一些空洞。在我们无法见到的月球深处存在着洞窟和裂隙，它们通向月面的裂缝和洞孔——我确信这一点。"

所有科学家，至少是所有天文学家都一致认为，当月球内部是空洞被确实证明时，他们便承认月球本身就是一艘宇宙飞船。所有对月球之谜的推敲都得出结论说，月球内部的空洞不应是自然形成的。

美国康奈尔大学的态度保守的卡尔·萨根博士也赞成这种意见。卡尔·萨根博士与苏联科学院的天体物理学家约瑟夫·希克罗夫斯基合著了《月面的智慧生物》一书，于 1960 年首次出版。约瑟夫·希克罗夫斯基当时提出，火星的卫星内部存在空洞，有可能建有"空洞基地"。在这本书中卡尔·萨根博士说："自然形成的卫星不应当存在内部空洞。"其他科学家一般也认为，月球如果中空的话，就应当是人工所成。绕来绕去总要回到瓦欣和谢尔巴科夫的假说上。这两位苏联科学家经过多年研究得出的结果认为，月球内部有可能是空洞。他们假定："如果什么人要发射人造卫星的话，就会将人造卫星制成中空的，与此相仿，在月球宇宙飞船内部肯定贮存着供发动机使用的燃料。"

瓦欣和谢尔巴科夫推测月球内部是一个空洞，列举了月球密度的证据：月球的密度为 3.33 克/立方厘米，而地球密度是 5.5 克/立方厘米，相差悬殊。月球内部的空洞造成了这种现象。他们两人得出结论说，月球的直径达 3476 千米，个头如此之大而密度如此之小，由此可认为月球有一个较薄的壳体。1959 年，著名科学家约瑟夫·希克罗夫斯基因为提出了火星卫星是中空的假说，被人讥笑为"神经出了毛病"。他以各种证据为基础反复研究得出结论说："火星有两个卫星都是中空的，可能是人造卫星。"

在月球内部还有一个证明"月球是中空球体"的证据。

使用科学装置反复试验的结果，使美国航空航天局的科学家及全世界的科学家们得以获得大量月球内部的资料，美国宇航员以月面为基地设置了高灵敏度的月震仪将月震资料发送回地球。其中一台由"阿波罗"11号的宇航员设置在静海，另一台由"阿波罗"12号的宇航员设置在风暴洋。设在月面的月震仪十分精密，比在地球上使用的地震仪灵敏度高上百倍，它能测出人们所能在月面造成的震动的百万分之一的微弱震动，甚至记录到宇航员在月面上行走的脚步声。

在人类首次对月球内部进行探测的过程中，当"阿波罗"12号的宇航员乘登月舱返回指令舱时，用登月舱的上升段撞击了月球表面，随即发生了月震。这场月震使正在进行观测的美国航空航天局的科学家们惊得目瞪口呆：月球"摇晃"了55分钟以上，而且由月面地震仪记录到的月面"晃动"是从微小的振动开始逐渐变大的。从振动开始到消失时间长得令人难以置信。振动从开始到强度最大用了七八分钟，然后振幅逐渐减弱直至消失。这个过程用了大约一个小时，而且"余音袅袅"，经久不绝。在地球上这种现象是绝对不可能发生的。

地震研究所负责人莫里斯·云克在当天下午的电视新闻节目中向公众传达了这个令人惊异的事实："月球还在晃动。"他无可奈何地承认，为什么会造成这种振动他也说不清楚。据云克说，要直观地描述一下这种振动的话，它就像钟声在响——敲响了教堂的大钟，声音鸣响了30分钟。实际上他还不知道，月球的"晃动"持续了1个小时，是30分钟的一倍。

美国马萨诸塞州技术研究所的弗朗克·普莱斯博士的看法相当直率："我们从来都是先作出假设然后进行研究，而今天我们面临的是地球从未有过的事实，是一次莫大的经验。光是月球的振动持续了30分钟我们就难以理解，其原因何在呢，这一发现肯定全然否定了我们的预想。"总之，这场月震给瓦欣和谢尔巴科夫的假说显然提供了机会。如果月球的壳体为金属质的而且坚硬，内部是空洞的话，"阿波罗"飞船造成的月震自然应当像巨大的钟鸣那样持续甚久，事实也是如此。

其他科学家也很难对这种现象作出恰当的解释。理查德·路易斯在《阿波罗的宇宙旅行》中这样写道："在发射'阿波罗'12号时，人类对月球的

构造理应有了一些新的发现。人们不是把月球的自然环境和它的详细情况称为 20 世纪之谜吗？"美国麻省理工学院的普莱斯博士（曾担任美国前总统卡特的科学顾问）是最早试图对此作出解释的科学家中的一个。他解释说，由于登月舱上升段坠落的撞击，也许在月面的广大地区内造成了如同雪崩或瀑布般的崩塌。他的说法决非无稽之谈，因为振动确实持续了很长时间，振动从开始达到最强用了七八分钟，衰减到一半时用了 20 分钟，随后振动逐渐减弱，总共持续了 1 个小时。

还有一位科学家解释说，当登月舱的上升段撞击月面时，月面的尘埃和岩石碎块高高飞起，等它们全部落至月面肯定需要 1 个小时。另外一位科学家说，也许这是登月舱本身的问题。也就是说，当登月舱和上升段垂直坠落时其情形恰与一架飞机坠落时相仿，其碎片和残骸会分崩离析，飞向四周。

《科学新闻》杂志对这种没有说服力的解释提出了疑问："如果没有别的原因，单是登月舱的上升段撞击月面，很难想象会发生如此长时间的巨大震动。月面岩石碎块和尘埃的散落的解释同样是不能令人接受的。""月钟"鸣响在"阿波罗" 12 号造成"奇迹"后，科学家们特别是地震学家们期待下一次对月球的撞击。"阿波罗" 13 号随后飞离地球进入月球轨道，宇航员们用无线电遥控飞船的第三级火箭使它撞击月面。当时的撞击相当于爆炸了 11 吨 TNT 炸药的实际效果，撞击月面的地点选在距"阿波罗" 12 号宇航员设置的月震仪 140 千米的地方。

月球再次震撼了。如果借用地震学上的术语来说就是"月震实测持续 3 个小时"。月震深度达 35 ~ 40 千米，直到 3 小时 20 分钟后才逐渐结束。科学家们更感到惶惑了。美国航空航天局的地震学家面面相觑，没有一个人能够得出令人满意的解释。

如果"月球—宇宙飞船"假说并非谬误，那么这种月震就在预料之中，月球是一个表面覆盖着坚硬外壳的中空球体，如果撞击那个金属质的球壳，当然会发生这种形式的振动。

毫无疑问，地表下由地壳构成的地球在发生地震时所发生的反应与中空的月球在发生月震时的反应是完全不同的。地震研究所的主任研究员莱萨姆认为，这种在地球上绝对不可能发生的现象令科学家们感到迷惑不解，这显然是由于地球和月球的内部构造不同造成的。事实上，科学家们强调指出，根据月震记录分析，月球内部并不是冷却的坚硬熔岩。科学家们认为，尽管不能得出月球这种奇怪的"震颤"意味着月球内部是全空洞的结论，但可知月球内部多少存在着一些空洞，人为制造的月震全都引出了相同的结论。最大的一次月震造成的月面振动持续了4个小时。但是甚至连如此奇怪的现象也未能打动一些铁石心肠的科学家的心。为数不多的几个科学家仍坚信，至少别的月震实验证明，月球的核心是坚硬的。

如果站在"月球—宇宙飞船"假说的立场上进行推测的话，就应当得出月球内部存在着许多人工建筑物的结论。美国航空航天局的一位科学家说，月球内部也许存在两个类似横梁、长达上千千米的金属质月震构造带。月球有着一个坚固内核的原因，大概要归于这种构造带的存在。

现在有一个问题，那就是设在月面上的月震仪之间的距离过于邻近了，如果这些月震仪能够设置得彼此远一些的话，就能确切无疑地证明月球中空。美国中西部天文观测站的天文学家们曾在广播节目中就《月球宇宙飞船之谜》一书进行了讨论，认为"月球有可能是中空的"。不过根据遗憾的是，现已得到的月面地震仪测定所得的证据还不是确切的和具决定意义的，因为在测定月震的横波和纵波方面，那些月震仪设置得过于接近了，显得无能为力。

如果月球确是中空的，那么纵波根本不会通过月球中心，而横波则会在月球的壳体上往复振荡经久不息。纵、横月震波传播时间的差异，当使我们得以证明月球内部是否中空，然而这种证明是没有把握的。这是为什么呢？

在回答这一疑问之前，我们心中会自然而然地冒出一个重要的疑问，那就是在月球内部是否存在一个月核？

科学记者理查德·路易斯介绍说，由于月球密度较小，以尤里博士为代表的一些科学家提出，并不存在什么月核。而在一些地球物理学家中有人并不赞成尤里博士等人的看法。科学家们期待着有一个巨大的陨石坠落月面，因为通过测定陨石当时对月球的撞击，不就能确定是否存在月核了吗？这些科学家运气不错，这种发生概率只有百万分之一的罕见事情居然发生了。

1972年5月13日，一个巨大的陨石撞击了月面，其效果相当于爆炸了200吨TNT炸药。参与"阿波罗计划"的科学家给这个陨石起名为"巨象"。"巨象"给月球造成的震动确实传进了月球内部，但如泥牛入海般毫无反响。美国航空航天局负责月震实验的莱萨姆博士认为应当继续观测这一罕见月震

传入月球内部的能量，因为肯定会有来自月核的反应，也就是说"巨象"会将振动传至月球内部，而且这种振动应当多次反复，然而事实上什么也没有发生。科学家们又困惑了，也许正如尤里博士所主张，月球也许不存在内核，而有一个巨大空洞。

尤里博士说，之所以没有横波是由于振动在传至月球内部时，碰上了某种"柔软"的物质，于是撞击造成的振动被吸收，但是这种解释与起初所说"越往月面深处越坚硬"的说法相矛盾。由此看来，认为月球内部完全中空或部分中空的看法不是更自然些吗？但这并非"自然所成"，科学家们也许不难解释。在《月球居民》一书中亚宾·麦凯尔森指出，尽管人类正确地了解月球自转已有 300 年了，可是对月球的惯性因素甚至连想当然都做不到。他的这番话还不能说明科学家们面对月球之谜的所有窘态吗？

如果假定月球本身是一艘宇宙飞船，那么科学家当然会推测月球内部会存在某种建筑物。如果不这样的话，一般认为的振动的横波和纵波的特征自然会成为使人们困惑的根源，正如人们在过去的月震中所见到的那样。因为它们与实际月震情况不符。在最初的对月球运转的研究中，有迹象表明月球是一个中空的球体。月球的惯性系数在了解到月球内部的密度分布后就可以确定。起初，这个数字是 0.6 克/立方厘米，这说明月球内部可能中空；但在以后的研究中这个结果又发生了变化，这让科学家们颇感头疼。在此必须指出，这种事实使我们不能不导出"在我们尚不了解的月球内部存在着各种建筑物"的结论。这个结论使我们得到了有关月球性质的正确认识，这也是不可无视"月球—宇宙飞船"假说的重要因素。

种种研究结果都说明月球内部存在空洞。无论是早期的麦克唐纳博士的研究还是其后所罗门博士的月球重力的研究，都说明月球内部可能存在空洞。持续 4 小时之久的振动难道不能说明空洞存在吗？要是疑问还是不能得到解答，那么我们便不得不转而考虑瓦欣和谢尔巴科夫的假说，把月球当做一艘宇宙飞船来研究。

据某位消息灵通人士说，美国航空航天局将公开表示要认真看待"月球—宇宙飞船"假说，这倒是桩耐人寻味的事。现任史密森尼安研究所所长、过去曾是美国航空航天局成绩卓著的科学家的法尔克·埃尔·巴斯博士，曾受当局之命进行过一项特别实验，以研究月球内部是否确实存在空洞。据他说，这项未公开的实验当然是秘密进行的，"对月球内部还未有所发现，但可以设想存在大量空洞，实验就是为了搞清这一现象而进行的。"这项实验的结果没有只字片纸公之于众，事实上至少在法尔克·埃尔·巴斯博士对《萨加》杂志发表谈话之前，他还没有接触到这项实验。《萨加》杂志在美国也是一流的刊物，它一直积极从事对 UFO 的研究，专揭政府对宇宙研究秘而不宣的"老底"。

为什么美国政府把一切与月球之谜有关的研究都列为机密呢？原来美国政府、航空航天局以及军方都对月球内部存在空洞——外星人的基地表示怀疑。

亚宾·麦凯尔森在《月球居民》一书中指出，对月球内部的密度等的研究表明，月球内部的密度并不均匀，也就是说密度最高的部位靠近月面，所以可以假定月球中空。但问题在于，月球密度的不均匀也许能确切证明月球的运行轨道，但在基本的物理学意义上还存在未知的因素，这种运行状态下月壳应当崩溃，所以难以捉摸。也许月壳之所以不会崩溃是因为它不是自然形成的，而是用高强度金属建造的宇宙飞船的外壳。这样就解答了麦凯尔森的疑问，还推证了"月球—宇宙飞船"假说的正确性。

···▶▶ 知识点

"阿波罗" 14 号人工月震实验

"阿波罗" 14 号的 S－4B 上升段进行月震实验，仍采用无线电遥控的方式使其撞击月面。月球像预料的那样再次震颤起来。据美国航空航天局的科学报告说，月球对撞击的反应就像一个铜鼓被敲击，振动持续了 3 个小时，深达月面下 34～40 千米。月震实验的地点距"阿波罗" 14 号的宇航员设置的地震仪 174 千米远。当"阿波罗" 14 号的宇航员们乘登月舱返回"小鹰"号指令舱时，"月钟"正在震响。上升段自重 2 200 千克，当时对月面撞击造成的效果相当于是炸了 726 千克 TNT 炸药，振动持续了 90 分钟。

月球资源的价值及开发

YUEQIU ZIYUAN DE JIAZHI JI KAIFU

人类探索月球的一个重要意义，是为解决人类面临的日益恶化的生存环境。随着人类可以利用的传统能源煤、石油和天然气的逐渐枯竭，迫使人类将目光转向浩瀚的宇宙，而月球是人类寻找地球以外能源的首选目标。人们试图通过开发月球获得新能源和矿产，来摆脱人类未来的窘境。在已进行的探月活动中，各类学科的科学家采用不同的方法和手段，对从月面取回的岩石和土壤样品进行了极其细微的观察、化验和分析，揭示了大量有关月球的奥秘。

月球上的天然矿藏

对月球岩石的样品进行分析，发现月球上的岩石主要有 3 种类型。第一种是富含铁或钛的月海玄武岩。暗色的月海玄武岩主要由单斜辉石、基性斜长石和钛铁矿组成，有时含橄榄石和磷灰石，或微星硫铁和金属铁等物相。登月已取回的岩石中共发现 20 多种玄武岩的类型。根据氧化钛的含量可将月海玄武岩分为高钛、低钛和极低钛。这些玄武岩特点是富钛富铁，无含水矿物，氧逸度低，无三价铁出现，具有多样的细粒至粗粒结构。第二种是斜长岩，富含钾、稀土和磷的岩类等。斜长岩由95%的斜长石及少量低钙辉石组成，主要分布在月球高地。第三种是由大小为0.1～1毫米的岩屑颗粒组成的角砾岩，是撞击作用的产物。角砾岩可分为破碎状斜长岩、部分熔融的角砾岩、复矿碎屑角砾岩和深变质的喷出岩。

用光谱分析鉴别出月岩中含有地壳里的全部元素和60种左右的矿物，其中有6种矿物是地球上所没有的。难熔元素约占月球质量的65%，富铁及难熔元素的残余液体凝结组成250千米厚的月球外壳。在月球土壤中，氧占40%，它是推进剂和受控生态环境生命保障系统的供氧源；硅占20%，是制作太阳电池阵的原材料。其他元素的比例是，铅6%～8%、镁3%～7%、铁5%～11.3%、钙8%～10.3%、钛

月球将成为未来人类重要的能源采掘基地，为此各国也将为争夺月球资源开始激烈的竞争

5%～6%，钠、钾、锰含量占千分之几，锆、钡、钪、铌含量为万分之几。科学家们把月球土壤样品加热到2 000℃，发现有惰性气体从月壤中逸出，其中有氦、氩、氖、氙等放射性粒子。月球上还富含地球上少有的能源氦3，它是核聚变反应堆的理想燃料。从月球岩石标本上还发现有一层很薄的无锈铁薄膜。起初科学家们推测，假如让这种铁处在地球条件下，定会立即氧化锈蚀，然而，经过试验发现，这种铁不会被氧化，是通常所说的"纯铁"。纯铁对人类非常有用。据估计，在发达国家里，每年因金属腐蚀损失大约占国民经济收入的1/10。如果能在月球上生产纯铁，运回地球上使用，不仅填补了一项空白，而且会获得很大的经济效益，无疑是对人类的一大贡献。

开采月球的天然矿藏是十分有吸引力的，在月球基地上将材料加工成最终产品，供空间和地面使用，预计是一项高效益的产业，其前景非常诱人。

克里普岩

克里普岩是月球主要岩石类型之一，因其富含钾（K）、稀土元素（REE）和磷（P）而得名。此外克里普岩还富含铀、钍放射性元素。根据"克莱门汀"号和"月球勘探者"号的探测资料分析，在月球正面风暴洋区域可能就是克里普岩的分布区域，进而对克里普岩出露于月面或近月面进行了成因机制的分析，并估算出其厚度估计有 10～20 千米。据一些专家的模式计算，克里普岩中稀土元素、钍、铀的资源量分别约为 6.7 亿吨、8.4 亿吨和3.6 亿吨。

尽管科学家对克里普岩的分布区域还有争论，但对克里普岩所蕴藏的丰富的稀土元素以及钍、铀等珍贵元素还是肯定的。

月球资源的利用

人们根据月岩样品及大量有关资料的研究与分析，确定了月球优先生产的产品原则，主要是充分利用月球资源，为扩建月球基地而生产必需的原材料，重点是制氧、金属冶炼、建筑材料的制备等。为了实现这一目的，人们已对月球上的加工厂的生产工艺流程及制备方法进行了多方面的详细研究。

科学家很早就开始研究提取月球表土的氧的方法。他们利用"阿波罗"飞船取回的月球沙土进行实验，在 1 000℃ 的高温下，将月沙中的钛铁矿和氢接触生成水，再将水通过电解提取氧。研究表明，提取 1 吨氧，约需 70 吨的月球表土。考虑到在月球上生产的特殊情况，建议在月球基地建设的同时，应考虑配备一套小型的化学处理设备，利用太阳能作动力，每天大约可制备出 100 千克的液氧。具体流程是，利用月球岩石在高温下与甲烷发生反应，生成一氧化碳和氢。在温度较低的第二个反应器中，一氧化碳再与更多的氢发生反应，还原成甲烷和水；然后使水冷凝，再电解成氧和氢，把氧储存起来供使用，而氢则送入系统中再循环使用。据预测，月球制氧设备最初是为给月面上的航天员提供氧气之用，但他们需要的氧气并不多，一个12人规模的基地，每月也只需要350千克氧气。而一套制氧设备连续工作后，可生产出相当数量的氧气。因此，在月球基地建设时，应同时建造一个永久性的液氧库，以便供给航天器作为低温推进剂燃料使用。

十分有意义的是，在制氧过程中，经过化学处理后得到的"矿渣"，却都成了上等的副产品。这是因为它含有丰富的游离硅和可供冶炼的金属氧化物，只要采用适当的工业方法便可继续冶炼，炼制出工业上极有使用价值的金属钛。科学家们提出的制钛工艺流程是，将"矿渣"通过机械粉碎、磁选，提取出钛氧化物，在高温下加氢处理，生成氧化钛；再以硫酸置换出其中的铁，接着和碳混合，在700℃的温度下通入氯气，经过化学反应后生成四氯化钛；然后在2 000℃高温下加热，投入镁以便脱氯，最终得到熔融态的钛。

铝的精制方法更为新颖。月面上的铝是由称之为斜长石的复杂结构所组成。科学家经过反复试验与研究，提出了一套炼铝的新工艺。具体做法是：将月岩粉碎，在1 700℃下加热熔化，然后在水中冷却至100℃，制成多质的球，再经粉碎，在其中加入100℃的硫酸，即可浸出铝。用离心分离法和过滤法除去硅化物后，再将它在900℃的温度下进行热解反应，得到氧化铝和硫酸钠的混化物。随后洗去硫酸钠并进行干燥，再与碳混合加热的同时，加入氯气与之进行反应，生成了氯化铝，经过电解，获得最终产品——纯铝。

建筑业离不开玻璃，因此在月面上生产玻璃显得尤为重要。通常的玻璃由71%～73%的氧化硅、12%～14%的硫酸钠、12%～14%的氧化钙组成。月球土壤中含有40%～50%的氧化硅，在月面上制造玻璃是以氧化硅为主。其精制方法较为简单，在月球土壤中根据需要加入各种微量添加物，用硫酸溶解出一些无用的成分之后，在1 500℃～1 700℃的温度下熔化，然后经过压延冷却，即可制成月球玻璃。

月球资源开发利用将从研究阶段进入试生产阶段。试生产阶段规模不大，需要进一步扩大再生产，使月球生产活动逐步走向批量生产的轨道。从上所述，我们可以理解建立月球基地的经济意义。

未来的能源基地

能源是人类生存、发展面临的最严重的问题之一。未来解决能源不足的出路有二：一是太阳能，二是核能。月球取样标本化验和分析、氦3的发现，给月球研究和探测工作注入了新的兴奋剂，尤其受到了能源专家的重视。但是，月球氦3的形成和分布特征、贮量和应用，仍是月球科学研究中亟待解决的问题，只有通过大量的探测和重返月球野外实地考察，才能获得较为满意的答案。

月球的表面土壤由岩石碎屑、粉末，角砾岩，玻璃珠组成，结构松散且相当软。月海区的土壤一般厚4~5米，高地的土壤较厚，但也不过10米左右。月球土壤的粒度变化范围很宽，大的几厘米，小的只有1毫米或数十微米，这些细土一般称为月尘。月球土壤中大部分是细小的角砾岩及玻璃珠，约占70%左右，小颗粒状玄武岩及辉长岩约占13%。惰性气体在月球玄武岩和高地角砾岩中含量极低，大气中就更低，几乎为零。然而，月壤和角砾岩中亲气元素则相当丰富，这是由于太阳风的注入，太阳风实际上是太阳不断向外喷射出的稳定的粒子流。1965年"维那3"号火箭对太阳风的化学组成进行了直接测定，结果表明，太阳风粒子主要由氢离子组成，其次是氦离子。由于外来物体对月球表面撞击，使月壤物质混合，在深达数十米范围内存在这些亲气元素；太阳离子注入物体暴露表面的深度通常小于0.2微米；因此，这些元素在月壤最细颗粒中含量最高，大部分注入气体的粒子堆积粘合成月壤角砾岩或粘聚在玻璃珠的内部。

研究表明，月球上的氦大部分集中在小于50微米的富含钛铁矿的月壤中，估计整个月球可提供715 000吨氦3。

各国将在月面采集氦3等战略资源，并通过微波方式向地球传送

人们为什么对氦 3 感兴趣？因为氦 3 是未来核聚变燃料的最佳选择。用氘和氦 3 聚变生成氦，这种聚变反应是世界公认的高效、安全、干净、较易控制的核聚变。在地球上，天然气矿床中已知的氦 3 资源只能维持一个 500 兆瓦规模发电厂数月的用量，而月壤中氦 3 所能产生的电能相当于 1985 年美国发电量的 4 万倍。考虑到月壤的开采、排气、同位素分离和运回地球的成本，氦 3 能源偿还比估计可达 250。这个偿还比和铀 235 生产核燃料（偿还比约 20）及地球上煤矿开采（偿还比约 16）相比，是相当有利的。此外，从月壤中提取 1 吨氦 3，还可以得到约 6300 吨的氢、70 吨的氮和 1 600 吨碳。这些副产品对维持月球永久基地来说，也是必需的。

此外，还可在月球上建立核能源基地，将电能传输到静止轨道上的中继卫星，再传送到位于地球的接收站，然后再分配到各个地区，供用户使用。仅月球氦 3 资源的开发利用这一点，就不难理解开发月球的深远意义。

•••►► 知识点

月球岩石圈

在月球的表面有一层几米至数十米厚的月球土壤。整个月球可以认为由月球岩石圈（0~1 000 千米）、软流圈（1 000~1 600 千米）和月球核（1 600~1 738 千米）组成。

月球岩石圈又可进一步分为四层，即月壳（0~60 千米）、上月幔（60~300 千米）、中月幔（300~800 千米）和月震带（800 ~ 1 000 千米）。软流圈又称为下月幔。在月壳的 10 千米、25 千米和 60 千米深处，均存在月震波速的急剧变化，表明在这些深度处存在显著的不连续性。

月球矿产资源的开发

人类是否应该大胆地到月球上采矿呢？这是一个需要慎重回答的问题。

从事一项开发工程，必定先要进行可行性研究，而可行性研究离不开成

本估算。得不偿失的事，想必谁也不会干的。地球上某一处的矿产如果品位很低，利用现有的技术手段还不值得开采，或虽能开采，但采运成本太高，人们是绝对不会去开采的。地球采矿尚且如此，月球采矿就更不用提了。月球与地球之间是约40万千米的宇宙空间。不说月球表面环境恶劣，开采起来困难重重，单讲运费，从那里运回一吨矿产就要数千万美元。一般的矿产，即使在月球上品位极高，进行开采通常亦是很不划算的，除非运回来的都是优质钻石之类的地球稀缺之物！

所以，在美国各界人士纷纷谈论"开采月球矿产资源直接用于地球"的问题时，矿业界先是长时期保持沉默，后来便明确表示：在今后几十年里，成规模地开采月球矿产以用于地球人类是难以实现的。

但是，开发月球矿产资源的计划是否就是无的放矢，毫无意义可言了呢？回答却又是否定的。

许多地质学家认定，如果是出于支持建立月球科学基地

NASA 设想的月球基地，太阳能电池板方阵将为月球的居住者提供主要电力

的考虑，月球采矿就是必要而且非常现实的了。

（1）建立月球基地须就地取料。

1989 年，在纪念人类首次登月 20 周年之际，当时的美国总统布什曾宣布，美国要在 2005 年之前在月球上建立一座科学基地。

这个基地不仅包括多学科的研究实验室，还将建有火箭发射平台和太空飞行月球补给站。有了这个基地，就可以在月球表面进行天文、地质、生物医学等学科的研究工作，还可以以这里为出发点，去火星上进行考察。

建立这种基地意义极为重要，可使用什么样的材料来建造它呢？

最初的想法是，将地球上现成的轻型建筑材料（如铝合金、以二氧化硅为基质的产品或某些复合材料）运上月球，就地拼装。但这种想法很快遭到

否定。因为月球不比地球，那里没有起屏蔽作用的大气层，轻型材料抵挡不住宇宙辐射、太阳风和天外陨石的直接作用。

人类可能将建设规模更大的空间站作为通往月球的中继站点

最早在 1984 年，美国宇航局产生了使用钢筋混凝土的想法。

可如果生产钢筋混凝土的材料均从地球上运去，花费之巨将令人望而生畏！有人估算，建造月球基地需要向月球运送水、水泥、钢筋等近 2000 吨。而 1 吨重物的运费是 5 000 万美元，算下来，足可使基地建造的决策者打退堂鼓！

因此，必须找出解决办法，将基地的建造费用降低到可以承受的地步！

无疑，最理想的解决办法是在月球上就地取材，利用那里现有的资源。可面对的一个最大的问题是，月球上没有水！

受聘担任美国宇航局"月球混凝土委员会"主席的中国台湾交通大学教授林铜柱先生与他领导的研究小组一起，近年来开展了一系列的研究工作。利用该局提供的 40 克月球土壤（主要成分为玄武岩、斜长岩、苏长岩等）在 1 000℃高温条件下加热并实行粉碎后，首先制成了与地球水泥相似的水泥。此后，针对月球上没有水的实际情况，他们又发明了干拌蒸气混凝土新制法。其具体做法是：将制成的月球水泥与适量砂石（月球与地球一样，砂石很容易觅得）拌合，放入蒸气定型锅内以高温蒸气蒸煮。用这种方法制成的混凝土不仅固化时间短（不到一天），而且强度亦远远高于传统的湿拌混凝土。

有关专家在审视了他们制成的月球混凝土样品后，认为这种混凝土完全可以用做建造月球基地的建筑材料。

但仍存在着一个问题，林先生的混凝土新制法虽不需要大量的水，但水蒸气还是需要的。没有水蒸气，混凝土根本无法固化。那么怎样获得水蒸气呢？水是由氢和氧化合而成的，若能在月球上设法获得这两种气体不就可以解决问题了吗？

为能在月球物质中获得氢和氧，自 1990 年起，美国和法国的一些有关专家进行了大量的实验研究工作。他们最终发现，可以从月球土壤的重要成分之一钛铁矿中获得氧。钛铁矿是钛和铁的氧化物，在 800℃ 的高温下加热即可分离出钛、铁和氧。同时还发现，氢产在小于 20 微米粒级的月球土壤中，含量约 100×10^{-6}，亦可通过加热进行回收，回收率达到 50% ~ 70%。鉴于在月球上回收氢气花费太大（回收 1 吨氢必须处理约 1 万吨石屑），故一般认为，氢这种极轻的物质直接从地球上运去更为划算。

这样，氢与氧化合可获得混凝土固化必需的水分，钛、铁与水泥相拌合可提高混凝土的强度。

至此，建造月球基地所需的建筑材料基本可就地解决了。

至于制造月球水泥和分解月球钛铁矿所需的高温条件，已考虑在月球上接收太阳能来加以实现。

不过，就地解决了建筑材料之后，仍然需要从地球上运去有关机器设备，如矿石的开采和处理设备、水泥生产设备、原材料运输工具等。据有关专家讲，运往月球的机器设备将至多不超过200 吨。

（2）月球考察飞行需先行一步。

基地选址和矿产开采之前，必须先进行地质勘察工作。在地球上是如此，在月球

美国登月飞船最新概念图

上更须如此。

这项工作已被纳入美国宇航局一项周密计划，即"月球前哨计划"之中。该计划涉及多种科学活动，但地质考察是其主要内容。

"月球前哨计划"的使命飞行包括两种，一种是载货飞行，一种是载人飞行。货运飞行将把一种装备有高压圆柱外壳的登月舱送上月球，作为登月考察人员的住所使用。载人飞行除将 4 名考察人员送上月球外，还将同时运去用于他们外出考察的车辆及必备的仪器设备（如简易望远镜、物理和地质实验设备、从月球土壤中提取氧气和生产硅的设备等）。

载货飞船一登上月球，圆柱形住所将展开太阳能接收器，供应能源。考察人员在极靠近住所的地点着陆后，就可以步行前往住所并开始各项科学考察工作。在这种条件下，4 名航天员可在月球上停留一个半月的时间。载人飞船因为拥有可存储燃料的发动机，将他们送回地球是毫无问题的。

据有关专家推测，第一座月球基地很可能是建立在月球的赤道上。林铜柱教授不久前向美国太空总署提交了一份基地式样设计方案。按照他的设计，基地呈半圆状，很像被切去不足一半的一块圆蛋糕，其高度是 20 米，直径是40 米。

▶▶▶ 知识点

宇宙辐射

宇宙辐射又称宇宙微波背景辐射，或称 3K 背景辐射，是一种充满整个宇宙的电磁辐射。

宇宙辐射的最重要特征是具有黑体辐射谱，在 0.3 厘米－75 厘米波段，可以在地面上直接测到；在大于 100 厘米的射电波段，银河系本身的超高频辐射掩盖了来自河外空间的辐射，因而不能直接测到；在小于 0.3 厘米波段，由于地球大气辐射的干扰，要依靠气球、火箭或卫星等空间探测手段才能测到。从 0.054 厘米直到数十厘米波段内的测量表明，背景辐射是温度近于2.7K 的黑体辐射，因此又习惯称为 3K 背景辐射。

月球水冰利用设想

1994 年，美国宇航局发射的"克莱门汀"（Clementine）号探测器对月球进行了新的月貌测绘，并对其矿物构成和引力分布进行了探测。1996 年 12月，一个科学小组对 1994 年该探测器发回的雷达信号进行分析后发现，月球南极的一个盆地中很可能存在"冰湖"，冰是与泥土混在一起的。这一消息在世界上引起了轰动。因为，如果月球上真的有水，将来往月球移民便有可能成为现实，而且还可利用月球上的水来制造氢和氧，用做火箭的燃料，并可将月球作为"对火星及太阳系中其他星球进行探测"的一个基地。为了进一步证实这个信息，美国宇航局原计划于 1997 年 9 月发射一艘以勘探月球上的水冰及矿物为主要任务的"月球勘探者"（Lunar Prospector）号探测器，后因故推迟。

1998 年 1 月 11 日格林尼治时间 12 时 15 分，助推火箭结束了第一次点火工作，将"月球勘探者"号探测器成功地送入了预定轨道，拉开了该自动探测器为时一年之久探测工作的序幕。经过 4 天半的空间飞行，300 千克重的探测器被制约在一个绕月球两极飞行的、周期为 11.8 小时的椭圆轨道上，该轨道的近月点和远月点分别为 75 千米和 8 600 千米；然后，椭圆轨道被逐步调控成距月面约 100 千米的圆形轨道。如果探测器情况保持良好，以后将使其在距月面仅 10 千米的圆轨道上飞行，以便获得高分辨率的月面图。

以太阳能电池供电的"月球勘探号"探测器上安装了 5 台仪器，除用于寻找水冰及月亮内矿物的成分外，还将用于寻觅月球磁场的证据和绘制月面图及引力分布图。根据探测器上的 r 射线分光计的记录计算出的含钛量和含铁量的不同，显示出了月球平原（月海）和高原的差异。若探测出月球有磁场则将意味着熔融月核的存在并有助于阐明月球的起源和演化。月球的赤道区域虽已被 70 年代早期发射的阿波罗 15、16 和 17 号飞船彻底勘探过，但就全月球而言，只有 20% 的月面被较精确地测绘过，这次要画出较详细的月面全图。

从探测器所得月球引力分布的数据将有助于改进关于月球内部结构的模

型和说明为什么一边的月亮比另一边的要厚些。几十年来，研究月亮的科学家们已知关于月面下不平常的质量聚集（Mass Concentrations，简称 Mascons）问题，人们认为这一问题对于绕月飞行的探测器会有神秘的影响，故对之很重视。分析探测器第一个月工作中所完成的全月球引力分布图便发现了两个新的 Mascons，但从所得数据看，Mascons 对探测器的干扰并不如原先所认为的那么大，这就为今后探测器的低空飞行提供了可靠的保证。新的月球引力分布图有助于工程师们将来为完成一些任务设计出较小的、节省燃料的、效率更高的环月探测器。

探测器在严寒的阴暗月球南、北两极的泥土中发现混有大量的水冰。

假设冰混在月面土壤厚0.5米的上层泥土中（0.5米是测冰仪器所能探测到的最大深度），则估计月球南、北两极共蕴藏着1 100万至3亿吨的冰；深冻处的极地土壤中，每立方米内可能储存着19升的水。含冰表土在南极覆盖着5 000至2万平方千米的面积，而在北极则大到1万至5万平方千米。1亿吨的水冰可以填满一个深11米、方圆10平方千米的湖泊。

即使是保守的估计，以人们目前在地球上用水的方式估算，3 000万～5 000万吨的水可供几千人使用一个多世纪，而且不需要循环使用。

科学家们认为这些水冰是过去20亿年间彗星和流星碰撞月球时，累积在南、北极两个阴冷地区的，月面的其他区域均不时地接触到阳光，不可能存有水。其理由如下：在月球最初形成时，受地球引力的影响，它不断地乱"翻跟头"，导致月面每一处都不时洒有温暖的阳光；直到20亿年前，月亮自转轴的取向才稳定下来，使两极地区成为终年不见阳光的严寒世界，洒落在这两个地区的彗星或流星上的水才得以冻结储存下来。美国洛斯阿拉莫斯实验室的费尔德曼（W. Feldman）分析了阿波罗飞船探月时所得数据后认为，月球的土壤层应有2米左右深，则其南、北两极总共至少应存有5亿吨的水冰。

至于开发利用，从理论上说，从月球冰中提取水会是个"简单"的过程：将混有冰的泥土收集起来，在房间里加热，使冰融化后便可以得到水。不过，这个过程需要开发能在月球两极低至零下230℃的极冷温度下工作的器具，而且首先要用探测器或机器人对月球冰加以研究。为此，必须在极区外缘有太阳光照射的地方建好太阳能电站，以提供开发利用月球冰时所需的能源。美国宇航局将不得不考虑任何此类计划的费用问题。"月球勘探者"号探测器，包括火箭发射和助推器的费用总计为 6 300 万美元。

▶▶▶ 知识点

"克莱门汀"号探测器

克莱门汀探测器的主要目标是对美国国防部下一代卫星所需的轻型成像遥感器及组件技术进行空间鉴定。按计划，它要把月球、一颗近地小行星和探测器的级间适配器作为目标，来验证轻型组件和遥感器的性能。"克莱门汀"是全面采用新的轻型化技术、可用于执行多种长期深空探测任务的小型、低成本和高性能探测器的一个代表。

克莱门汀探测器于 1994 年 1 月 25 日发射，2 月 6 日进入环月轨道，最终运行于月球极轨道，从而能对月球全球进行测绘。

探测器共发回了 180 万幅图片，探测数据表明，月球上有水冰。由于探测器上计算机出现故障，1994 年 5 月 7 日探测器的肼燃料耗尽，探测器最终未能完成其他任务。

开发月球的美景构想

构想 1：天地观测台

没有大气层的月球对任何频率的电磁波都不会有大气吸收，它也没有地球上的电磁波"污染"或光"污染"，因此月球也是进行射电天文观测的理想场所。月球自转速度很慢，以至月球上的一昼夜约等于地球的一个月，这样我们可以在月球上长时间地精确观测远距离或模糊的目标。月球的自转周期恰好等于它的公转周期，因此它总是用一面正对着地球，在这一面建立对地观察站，将可以持续地对地球的地质构造及环境变化进行监测与研究，特别是对近地空间乃至深空小天体对地球可能的撞击威胁进行监测。

构想2：探星"桥头堡"

作为火星开发前哨的月球基地假想图

月球几乎没有大气和弱重力场环境，因而从月面发射深空探测器或星际载人飞船比从地面要容易得多，所需的能量也小得多，因此月球是人类进军深空的天然发射平台，也是一个理想的深空探测中转站。由于月球上存在制备火箭液体推进剂的原料氧和氢，因而未来可以利用月球资源进行火箭推进剂生产。在未来执行载人火星探测任务时，许多关键技术都可以在月球基地进行试验验证，并可在月球基地长期训练宇航员，使他们逐渐适应长期离开地球的生活，为飞往火星乃至更远的星体做准备。

构想3：能源"聚宝盆"

月球上有着丰富的资源。据估计，月球土壤里含有大约100万吨至500万吨稀有气体元素氦3，而地球上可提取的氦3只有15~20吨。如果把氦3作为可控核聚变燃料，它将是人类社会长期、稳定、安全、清洁和廉价的燃料资源，可满足地球数万年的能源需求！

此外，月球表面没有大气层，太阳辐射可以长驱直入，月球上可接收到丰富的太阳能。测算表明，每年到达月球范围内的太阳光辐射能量大约为12万亿千瓦。假设使用目前光电转化率为20%的太阳能发电装置，则每平方米太阳能

月球资源采掘基地

电池板每小时可发电 2.7 千瓦时。从理论上来说，可以在月球表面无限制地铺设太阳能电池板，获得丰富而稳定的太阳能，这不但可以解决未来月球基地的能源供应问题，甚至还可以用微波将能量传输到地球，为地球提供新的能源。

构想4：旅游梦天堂

虽然人类重返月球的计划要到十几年后才真正实施，但精明的商人们已经把目光投向月球旅游项目。美国太空探险公司正在与俄罗斯联邦航天署旗下的宇宙飞船制造商"能源"火箭航天集团合作开发这项"探月旅行"业务，预计今后 5 年内，游客花费 1 亿美元就可以搭乘俄罗斯的"联盟"号载人飞船进行环月球旅游。

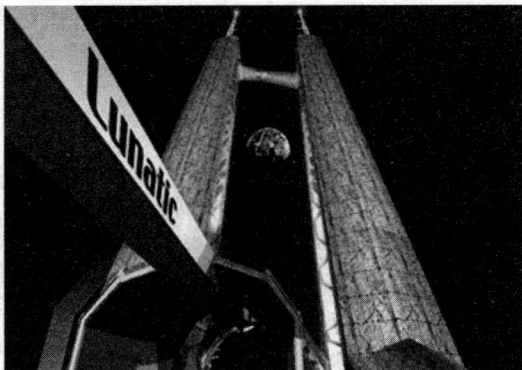

建在月亮上的"疯狂酒店"设想图

游客将首先飞往国际空间站，在站内停留一周之后再飞往月球，大约一周后返回。月球观光客将不会在月球表面着陆，而是只对月球进行近距离观察。俄罗斯联邦航天署今年表示，计划在 2010 年之后为俄罗斯首富、英超切尔西俱乐部老板阿布拉莫维奇安排一次环月球旅行，而预计此次旅行的费用高达 3 亿美元。

构想5：移民新大陆

俄罗斯"火箭之父"齐奥尔科夫斯基说："地球是人类的摇篮，但是人类不会永远生活在摇篮里。"中国航天医学工程研究所航天科普作家吴国兴教授介绍说，人类移民月球可能分为四个步骤：首先是建初级基地或称临时性基地；第二步是中级基地；第三步是高级基地或称永久性基地；最后一步是建月球移民区。

月球移民区的建设有可能是将数个高级月球基地联结起来，形成一个月球基地网，然后成为移民区，前后可能需要 30 年时间。但这不仅仅是规模扩大和人员增多，而是要有一个质的飞跃。月球移民区就是一个小的社会，应该具有人类社会的所有功能。它首先必须具有先进而完善的再生式生命安全保障系统，氧气、水、食品、电力供应和火箭燃料、生活必需品基本上不依靠来自地球的物资供应，实现自给自足，此外还要解决宇宙辐射的防护问题和月球重力的适应问题。

作为一个人类生活的社区，月球移民区的建设不能只考虑移民住宅，还要包括各个功能区，如生活区、商业区、工业区、农业区、发射场、着陆回收场、月—地交通运输和移民区内的交通运输区等。

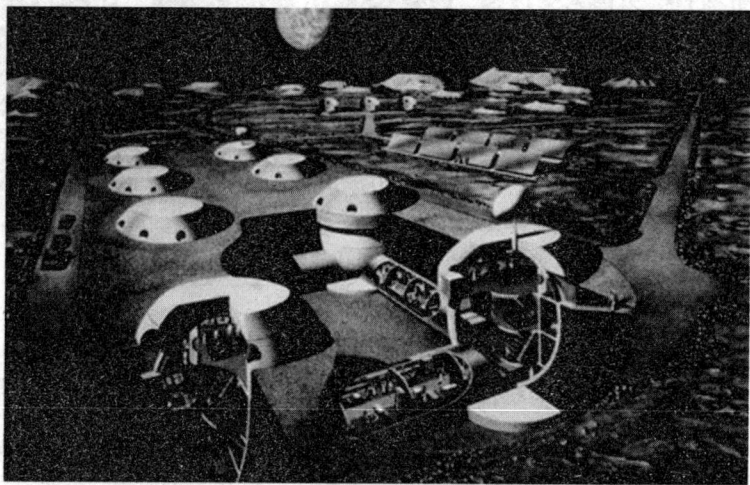

人类未来将在月面建设永久性的基地乃至发展为月面都市

在 21 世纪的某个周末，地球上的人们也许会忘却一周的繁忙，搭乘便捷的"航天公共汽车"来到地球轨道上的空间中转站，乘坐定期发出的"地月班机"，到月球基地去旅游度假、探亲访友。那时，也许只有在历史书中才能找到"月球"这个词，因为，月球已经成为了人类版图上的第八个洲——月洲。

在月球上建太阳能发电厂

由于月球表面几乎没有大气，太阳辐射可以长驱直入。计算表明，每年到达月球范围内的太阳光辐射能量大约为12万亿千瓦，相当于目前地球上一年消耗的各种能源所产生的总能量的2.5万倍。按太阳能能量密度为1.353千瓦/平方米计算，假设在月球上使用目前光电转化率为20%的太阳能发电装置，则每平方米太阳能电池每小时可发电2.7千瓦时，若采用1 000平方米的电池，则每小时可产生2 700千瓦时的电能。

由于月球自转周期恰好与其绕地球公转周期的时间相等，所以月球的白天是14天半，晚上也是14天半，一天相当于地球一个月的长度，这样它就可以获得更多的太阳能。科学家认为，如果在月球表面建立全球性的并联式太阳能发电厂，就可以获得极其丰富而稳定的太阳能，这不但解决了未来月球基地的能源供应问题，而且随着人类空间转换装置技术和地面接收技术的发展与完善，还可以用微波传输太阳能，为地球提供源源不断的能源。

人类探月工程展示
RENLEI TANYUE GONGCHENG ZHANSHI

在很长的一段时期里，人类一直怀着一个美好的梦想，那就是总有一天要飞到月亮上去。只是直到发展了威力强大的"土星5号"火箭推进器，以及"阿波罗"宇宙飞船之后，人类的愿望才得以实现。为了达到这个目的，人类作了长时间的精心准备，包括训练宇航员和投入以亿元计的物资和各种开支。

人类首次发射成功的月球探测器，是苏联的"月球"3号火箭。时间是1959年10月4日。它在到达月球并转到月球背面上空的时候，拍下了人类从未见过的月背照片，并送回地面。从那时开始，我们才得以看到多少年来人类梦寐以求的月背面貌。自此，人类的探月之旅有了新的面貌。

随着各国宇航员们踏上月球对月球进行探测，以及对月岩和土壤标本的第一手分析，科学家们加快了研究月球的步伐。人类的本性之一，是对未知的东西进行持续不断地探索。正是由于这种动力，才使人类的探月工程取得了一个又一个的进步。

探测月球的意义所在

在过去很长很长的一段时期里，人类一直怀着一个美好的理想，那就是总有一天要飞到月亮上去。只是直到发展了威力强大的"土星5号"火箭推进器，以及"阿波罗"宇宙飞船之后，人类的愿望才得以实现。为了达到这个目的，美国宇航局和苏联的空间机构作了长时间的精心准备，包括训练宇航员和投入以亿元计的物资和各种开支。

许多人提出这样的问题：花费那么多的钱，为的是送几名宇航员到月球上去，值得这么做吗？

不错，天文学家们用望远镜和雷达等手段，可以获得有关月球的大量信息，但是，还有许许多多科学家们希望得到和知道的东西，这些手段却无能为力。他们想知道月球上有些什么样的岩石、矿床、矿物和其他成分的物质；月球的土壤是怎么样的；是否有任何处于休眠状态的生命；太阳辐射对月球表面有些什么样的影响；月球表层的下面是否存在着水分，等等。

这些以及其他更多问题的答案，可以进一步用来解答有关月球的一些根本性问题。譬如：月球是如何起源和演化的。这个难解之谜又可以为地球、太阳系乃至银河系的起源，提供宝贵的线索。

无人驾驶宇宙飞船上的各种仪器设备，可以对月球和空间进行探测和测量，获得许多有价值的数据和信息，科学家们可以借此推断出那里存在的条件，得出某些结论。但是，仪器设备只能做那些安排给它们做的事。它们无法对付计划之外或者原先没有预料到的事，而只有人，才能对意料外的事情作出判断和处理。

早期用无人驾驶空间飞行器探测月球的尝试，多数以失败告终。它们之中，有的重新落回到地球上来，有的没有飞向月球而偏离了方向，有的硬是撞到了月球上去，使得那些仪器设备与飞行器同归于尽。我们知道，人类的第一个人造地球卫星，即苏联的"斯普特尼克"，是在1957年10月4日发射成功的，从此开辟了人类的"空间时代"。首次发射成功的月球探测器，恰好是在两年后的1959年10月4日，那是苏联的"月球"3号火箭。它在到达月球并转到月球背面上空的时候，所携带的行星际站拍下了人类从未见过的月背照片，并送回地面。从那时开始，我们才得以看到多少年来人类梦寐以求的月背面貌。

在此后的6年当中，美国许多次的月球探测计划都遭到了失败。1964～1965年，美国的3个"徘徊者号"才取得较大的成功，"徘徊者"7号、8号和9号在非常接近月球表面的地方，拍摄了异乎寻常清晰的大量照片。

"月球"3号探测器拍摄的第一张月背照片

"徘徊者"3、4、5号月球探测器

1966年1月31日，苏联发射了"月球"9号探测器。当它接近目的地

美国发射的月球轨道器

时，减慢了速度，因此不像以前的那些探测器与月球硬撞而遭到很大破坏。"月球" 9 号所携带的防震摄像机第一次从月面现场拍摄了 9 张月面照片。这年 6 月，美国 "勘测者" 1 号探测器在月面上软着陆成功，传回来了数千张月面风光照片。照片表明月面上并非想象那样盖着一厚层尘埃。

随着宇航员们踏上月球对月球进行探测，以及对月岩和土壤标本的第一手分析，科学家们有可能加快研究月球的步伐。"阿波罗" 11 号的 2 名宇航员阿姆斯特朗和奥尔德林，在他们进行月面活动的两个多小时里，总共收集了 20 多千克的月球岩石和土壤样品。他们把这些样品密封在箱子里，以保护它们的本来面目，并在带回地球之后，郑重其事地交给了宇航局。从月球带回来的许多岩石外面，都有一层很细的、石墨那样的粉末。粉末是深咖啡色的。对岩石作显微镜观测后得知，它主要由橄榄石、辉石和长石组成，基本上与地球上的火山岩相似。

人类第一次登上月球

人类的本性之一，是对未知的东西进行持续不断地探索。正是由于这种动力，早期的航海者们发现了新大陆，北极探险既开辟了北极、也开辟了南极的考察和探索。

有人问一位杰出的登山运动员，他为什么要去攀登那危险的珠穆朗玛峰。他回答得很简单："因为它就矗立在那里么！"毫无疑问，这大概也就是人类想登上月球去的理由之一：因为月球就在那里么！

走在前列的苏联探月工程

苏联确实在其空间飞行器所进行的一系列探测中，取得了一些引人注目的"第一"。举个例子来说，1966 年 1 月 31 日，苏联在其咸海以东的火箭发射场发射了"月球"9号探测器，它实现了空间飞行器在月面上的第一次有控软着陆成功。这主要借助于制动火箭。而在把宇航员正式送上月球之前，这类试验必须进行许多次，以保证软着陆方案的可靠和载人登月飞行时的万无一失。

"月球"9号发射成功之后，先是环绕地球转，转了一圈的约2/3路程时，它的速度已经加快到足以脱离地球引力的程度。于是这个重约600千克的探测器，带着它那套能自动向地球发回信息的、重约100千克的设备，飞向了月球。它后来成功地降落在风暴洋的月球赤道附近。在飞行途中，探测器的轨道曾从地面进行过校正。

"月球"9号的着陆过程是这样的：它所携带的制动火箭，于准确的时间（着陆前48秒钟）和准确的地

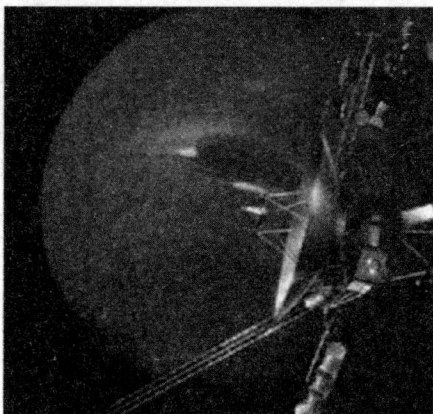

苏联发射的"月球"9号探测器

点（距离月面75千米处）开始点火，使飞行器的速度随着高度的降低而逐渐趋向于零。在探测器即将撞击到月面的瞬间，着陆器从探测器分离开来，自行着陆，裹在它外面的气球立即自动充气。气球起着着陆器的良好缓冲作用，同时，由于月球引力不大，撞击的程度也大大减轻。接着，外面的4个装置自动打开，整个着陆器像朵盛开的花，摄像机以及一些仪器设备也按既定要求各自就位。不久，科学家们焦急地等待着的来自月球现场的实地拍摄图像就开始传回地球。来自月球的照片表明，月球表面并不像有些人认为的那样覆盖着厚厚的尘埃，它呈现出好些空隙，还有一些岩石般的东西。

"月球"10号探测器怎样证实了在它之前的那些探测器的价值和作用？

"月球"9号取得成功之后2个月，即1966年3月31日，又一个探测器"月球"10号发射成功。它取得了又一个使人震惊的"第一"：成为围绕月球运动的"孙卫星"。请你想一想，一个由人造的物体，变成为我们古老天然卫星的"卫星"，这是亘古未有的事呀！它循着椭圆轨道绕月球转，轨道近月点约350千米，远月点约1000千米，旋转周期约3小时。

赋予"月球"10号的探测任务是：测定月球的重力，它的辐射强度和磁场

情况。它也收集了有关陨星袭击月面的数据，并且还记录到在月球附近的微陨星密度要比过去测定的大100倍，甚至更多。更有意义的是，"月球"10号利用伽马射线发现月面上存在着大量像地球玄武岩那样的岩石，使得科学家们由此得出这样的结论：月球曾处于熔融状态，它的起源也许跟我们的地球是一样的。

在空间飞行器发射成功之前，科学家们通过观测和研究，获得了有关月球的大量资料。而"月球"10号探测器的轨道偏心率如此之大，它轨道上的近月点如此接近月球，使它能因此而得到的月球信息量远远超过过去所得到的，而且在信息的质方面有个飞跃。

知识点

"月球"9号探测器

"月球"9号探测器是苏联1966年1月31日发射的一颗月球探测器，是世界上第一颗在月球上成功实现软着陆的月球探测器。

"月球"9号探测器重1538千克，高度为2.7米，由登月舱、仪器舱、发动机系统等几个部分组成。登月舱是登月任务的核心所在，它呈卵形，直径约58厘米，重为99千克。包含有用于在月表着陆的减震装置。上半部分为电视照相机设备，相机重1.5千克，功耗2.5瓦，镜头可在上11度、下18度范围内调节，最大分辨可达1.5~2毫米；下半部则是电池、热控制器、通讯系统。

"月球"9号在2月7日由于电池耗尽而停止向地球传送信息。这次探测所取得成果之一是回答了这样一个重要问题：月球表面足以支撑100千克的载荷而不会产生其他明显的效应，人类完全可以降落在月球上，而不必担心会陷入月壤之中。

功勋卓著的美国的探月工程

美国有它自己的计划，"勘测者号"探测器是为载人登月飞行作准备的3个研究月球计划中的一个。

"勘测者"1号于1966年5月3日发射成功。它重270千克，在抵达月球

之后，由于月球重力只及地球上
的 1/6，它在那里只重 45 千克。
探测器是由"阿特拉斯—半人马
座"火箭发射上天的，火箭经过
7 分多钟的燃烧之后，就进入既
定轨道，直奔月球。一路上，火
箭的精确航向根据太阳和老人星
（船底座最亮星）的位置，不断
改正而得到保证。飞行途中，探
测器的太阳能电池板和天线曾一
度展开约 10 分钟。

"勘测者"号月球探测器

　　"勘测者" 1 号的飞行速度，从开始时的每小时 5 000 千米弱，不断加速
到快抵达终点时的每小时约 10 000 千米。在距月球表面约 100 千米的高空，
它就进行一系列的着陆准备工作：放开它的 3 只脚的支撑，支撑的头上是铝
盘那样的东西，必要时可用来碾碎月面物质；同时制动火箭点火，使得在探
测器的下面形成气垫那样的东西，以减轻探测器与月面之间的撞击；一些预
先设计好的设备开始运转，使得整个探测器的下降速度不断降低。因此，当
探测器最终降落在月面上时，撞击是极其轻微的，是完全可以不予考虑的。

　　"勘测者" 1 号降落在月球的西半部，在风暴洋的一处环形山附近，时间
是 1966 年 6 月 2 日。降落后，它立即展开了预先规定的探测工作。

　　"勘测者" 1 号携带的设备有：效率很高的太阳能电池板，它为电瓶充
电，可使探测器在月面上工作 2 个星期；一具性能极好的摄像机和有关设备，
它所拍摄的月面图像质量是第一流的。探测器工作期间，总共拍摄和为地球
送回来了 11000 多张照片。这些照片包括远处的山脉，近到"眼"前的浅灰
色的月球土壤颗粒。一般认为，这些颗粒可能是陨星撞击月面岩石后的产物。

　　后来的那些"勘测者号"探测器又做了些什么呢？

　　"勘测者号"计划从 1960 年开始执行，1966 年 5 月发射成功"勘测者"
1 号之后，到 1968 年 1 月为止的 1 年半期间，又发射了 6 个探测器，并非每
个都取得成果，其中 2 号和 4 号失败。

　　"勘测者" 3 号是在 1967 年 4 月 19 日降落到月面上的。说得准确一些，

它是从月面被弹起后，重新回落到月面上的。探测器第一次接触月面时，制动火箭未熄灭，仍在工作，而把它从月面往上推了一下。科学家立即从地面遥控让火箭停止工作，它于是就安顿下来，到现在还停留在那个小环形山里。接着，一个小型机械手在月面挖沟，从挖出的土壤来看，月球表层以下似乎多少有点湿气。

1967年9月10日，"勘测者"5号利用制动的办法降落在一座环形山里。在降落过程中，它险些翻转。2个月之后，"勘测者"6号也软着陆成功，它降落在一片比较崎岖、周围还

"勘测者"7号月球探测器

有些隆起的地区。这两个探测器的重要贡献，是在降落地附近发现"阿尔法"粒子。这类辐射曾被用来测定月面土壤的化学成分，而分析表明两处降落地的月岩，都很像是地球上的玄武岩。

"勘测者"7号与前面的几个探测器不一样，它不像其余的那样降落在月球的赤道区域，而是软着陆在月球南部高地的第谷环形山附近。它差点撞上一块大石头。"勘测者"7号的考察任务之一是，探测磁场和寻找铁矿石。它还配备了一个铁锹般的机械手、一个捕捉"阿尔法"粒子的设备、一个电视摄像机以及其他仪器设备。

探测器发现，月球高地的化学组成显然与月海的情况不同。某些地质学家认为，这个差别是很有意义的，它说明月球曾有个时候是处于熔融状态。

▶▶▶ 知识点

"勘测者"号的意义

"勘测者"号是美国为"阿波罗"号飞船登月作准备而发射的不载人月

球探测器系列。它的主要任务是进行月面软着陆试验，探测月球并为"阿波罗"号飞船载人登月选择着陆点。自1966年5月至1968年1月共发射7个，其中2个失败，5个成功。

"勘测者"号的主要仪器和设备有：电视摄像机、测定月面承载能力的仪器、月壤分析设备和微流星探测器。其中1号是第一个在月球上实现软着陆的探测器；3号和7号除装有电视摄像机外，还装有月面取样用的小挖土机，可掘洞取出岩样进行分析；5~7号都带有扫描设备，用以测定月壤化学成分、密度等。勘测者号向地面发回了5万多幅黑白和彩色照片，展示了月面不同地区的风貌。照片清晰度好，分辨率高，可以看清距相机1.5米远的物体上1毫米的细微情况。

欧洲"SMART－1"号月球探测

"SMART－1"号是欧洲航天局的首枚月球探测器，也是欧洲航天局"尖端技术研究小型任务"系列计划中的第一项研究项目。欧洲航天局用"SMART"为探测器命名，主要是因为该探测器执行的任务虽小，但研究的却全部都是目前最为尖端的技术。

"SMART－1"号还是世界上第一个采用太阳能离子发动机作为主要推进系统的探测器，该发动机利用探测器自身太阳能帆板产生的带电粒子束作为动力。运用离子推进技术的发动机，从离开地球到最终到达观测轨道，一共只消耗了75千克的惰性气体燃料氙，燃料利用的效率比传统化学燃料发动机高10倍。

"SMART－1"号探测器的起飞质

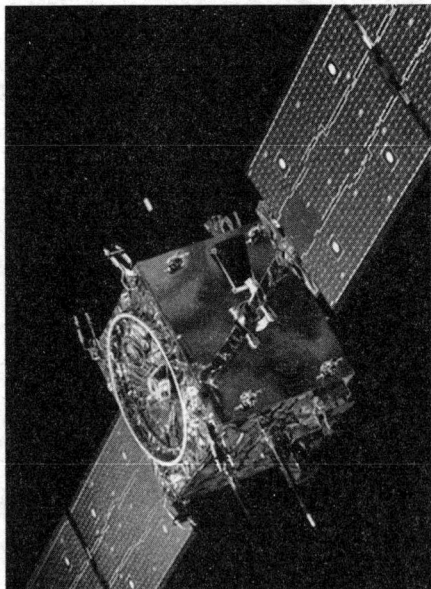

欧洲"SMART－1"号月球探测器

量为 370 千克，在太空展开后，其外形呈现为长 1 570 厘米、宽 115 厘米、高 104 厘米的立方体，太阳能帆板翼展开为 14 米，提供的电力为 1.9 千瓦，整个造价约为 1.08 亿美元，其有效载荷质量虽然仅为 19 千克，但却包括用于完成十多项技术试验和科学研究的仪器设备。

2003 年 9 月 27 日，欧洲航天局利用"阿丽亚娜"5G 型火箭将"SMART - 1"号探测器送入太空，2004 年 11 月 15 日到月球上空的近月轨道。经过精确的位置调整和运作后，"SMART - 1"号进入到距离月球表面 470 千米到 2 900 千米的最终轨道，并在这一轨道上进行大量科学试验。科学家们通过探测器上携带的 X 射线光

**欧洲首个月球探测器搭载
阿丽亚娜火箭升空**

谱仪等设备，详细绘制了月球表面地形地貌图和矿物分布图，研究其表面岩石的化学成分，探寻小行星 45 亿万年前撞击地球产生月球的过程。

"SMART - 1"号探测器击中月球前的运行轨道示意图

"SMART - 1"号的另外一项任务是对月球是否存在水资源进行探测，其中对月球表面最有可能存在水的两极冻土区域进行了重点探测。

"SMART - 1"号探测器出色完成了自己的探月使命，欧洲航天局决定将其剩余燃料用于完成最后的撞击任务。撞击时间预计在北京时间 9 月 3 日 13 时 30 分左右。欧洲航天局

"SMART－1"号可撞出10多千米高的尘埃

预测，"SMART－1"号探测器很可能会在月球表面弹跳多次，如果意外撞到月球表面凸出的岩体，撞击时间可能会提前5小时。

欧洲航天局预计，"SMART－1"号此次撞击月球表面将会把月球尘埃送至约19千米的高空。从地球角度观测，只有大型天文望远镜才能在探测器撞月时看到微小亮点。为了避免这一亮点完全被月光覆盖，欧洲航天局设计的撞击点在背离太阳的阴暗面。探测器撞出的尘埃将被地面反射的太阳光照亮，通过观察，科学家将进一步了解这些"尘埃"的成分，并据此分析月球的起源。如果这些尘埃能够飞到离月球表面20米的高度，太阳光将直接照射到它们，天文爱好者则可以通过小型望远镜、甚至肉眼观察到。

日本"月亮女神"号探测

北京时间2007年9月14日上午9点31分，日本探月卫星"月亮女神"（又称为"辉夜姬"）号发射升空，主要任务是观测月球表面地形、研究元素分布等。日本研究人员称，这是日本2025年建立载人太空站的第一步。

搭载"月亮女神"号探测器的日本H－2A火箭当天在距东京南部1000千米（620英里）左右

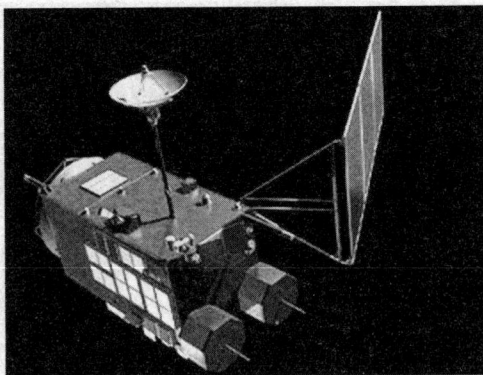

日本"月亮女神"号月球探测器

的太平洋小岛种子岛上发射升空。按计划，"月亮女神"号将在升空45分钟左右脱离H-2A火箭，在绕地球轨道运行2周后，便朝着距地38万千米（23.75英里）的月球进发。

日本"月亮女神"计划，耗资550亿日元（4.84亿美元）。"月亮女神"探测器重达3吨，也被称之为"SELENE"号探测器。（SELENE是Selenological and Engineering Explorer的缩写，意为"月球探测工程"。而SELENE一词又恰巧是希腊神话中月亮女神的名字，故译为"月亮女神"）。日本科学家称，"月亮女神"计划是继几十年前美国"阿波罗"号登月计划之后世界上技术最为复杂的月球任务。

日本"月亮女神"绕月探测卫星搭乘H2A-13火箭从日本南部种子岛宇宙中心顺利升空

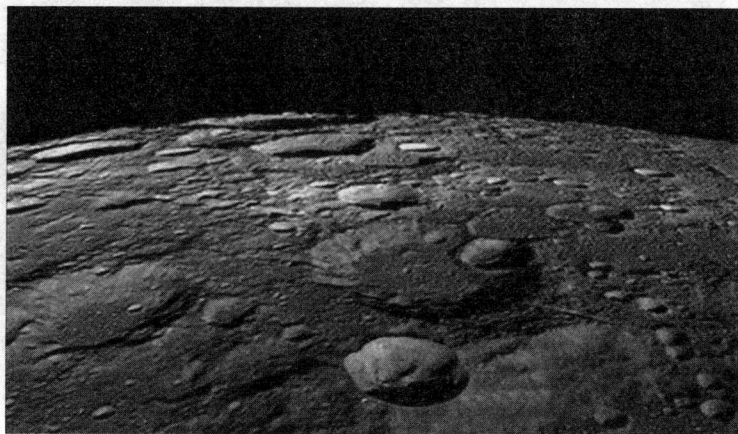

日本公开"月亮女神"卫星拍摄的月球表面照片

"月亮女神"号探测器主轨道器

"月亮女神"号探测器包括 1 个主卫星和 2 颗"婴儿级"卫星，共装有 14 个观测设备。在设计上，这些观测设备将负责检查月球表面地形、地心引力以及其他状况，目的是寻找月球起源和进化的线索。"月亮女神"号携带有一架高清晰电视摄像机，用于拍摄地球在月球地平线上升起的全过程，胶片随后将被送回地球。"月亮女神"号将绕月球轨道运行 1 年左右时间直到燃料全部用尽。

"月亮女神"号的发射之路一点也不平坦。较原定计划相比，此次发射已迟到了 4 年左右时间。当年的火箭发射因为技术故障一次次吞下失败苦果。上世纪 90 年代晚期，日本的太空计划无奈地进入支离破碎的局面，在此之前，H－2A 火箭上演了两次失败的发射。到了 2003 年，灾难再次笼罩在日本人的上空，当时一艘搭载两颗间谍卫星的 H－2A 火箭在发射后偏离了预定轨道，日本被迫将其摧毁。

两颗子卫星

印度"月船"1号月球探测

2008年10月22日上午6时20分左右（北京时间8时50分左右），印度空间研究组织用一枚极地卫星运载火箭在东南部的斯里赫里戈达岛的萨蒂什·达万航天中心将印度首个月球探测器"月船"1号发射升空。

"月船"1号月球探测器以轻盈为特点，发射重量约1.3吨，比日本发射的"月亮女神"号月球探测器和中国发射的"嫦娥"一号月球探测器都要轻，且燃料占了探测器重量的约一半。

探测器造价约8 300万美元，设计寿命为2年，它在距离月球表面约100千米的轨道上工作，利用携带的各种仪器收集月球地理结构、化学构成及矿藏

印度"月船"1号发射升空

"月船"1号探测器模型

等数据。科学家还根据收集到的月球地理数据绘制了高精度的三维月球地图。

"月船1号"上面将携带11台探月仪器。其中，一台名为"月球撞击探测器"的无人探测装置最为重要。据报道，月球撞击探测器约30千克重，由印度自行研制，它就像帽子一样装

在"月船"1号的顶部。为印证印度探测器与月球的初次接触，探测器上还有一面印度国旗。

"月船1号"绕月探测器

"月船1号"项目的负责人安纳杜拉伊对媒体介绍说，在"月船1号"进入绕月轨道后，月球撞击探测器将以每秒75米的速度从"月船1号"上弹出，向月球表面撞去。在接近月球的过程中探测器将会不断对月球进行拍摄，这些拍摄数据有助于印度空间研究组织未来选择月球车的着陆位置。

印度舆论认为，"月船1号"的发射具有重要意义，将进一步提升印度的国家实力。不过，此次发射工作背后依然能看到西方的影子。其携带的11台探月仪器中，3台由欧洲航天局提供，2台由美国提供，还有1台来自保加利亚。

▶▶▶ 知识点

极地卫星运载火箭

印度航天工程所使用的极轨卫星运载火箭（PSLV）是可抛弃式的，可让印度的遥控通讯检测卫星到达极地轨道。

极轨卫星运载火箭高达44米，共分为四节。第一节为固态推进火箭，有138顿重的燃料。第二节的燃料为四氧化二氮及联氨。第三节有7吨的燃料，使用固态推进剂。第四节是有两个引擎的设计，使用液态推进剂。

中国"嫦娥"一号月球探测

中国的探月计划于 2004 年 1 月正式立项，被称做"嫦娥工程"。探月工程二期预计在 2012 年发射月球探测器，届时探测器将携带"月球车"一起登陆月球。

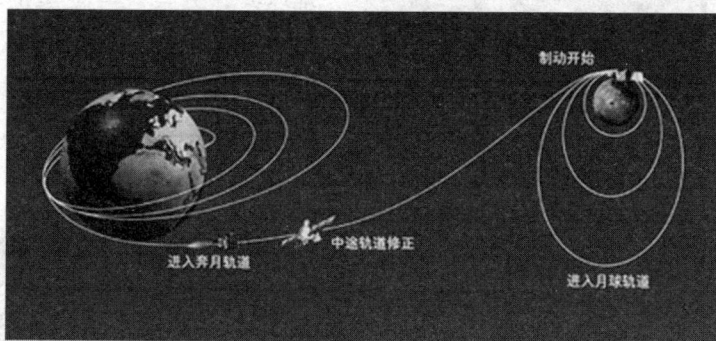

"嫦娥"一号飞行轨道示意图

"嫦娥"一号（Chang'E 1）月球探测卫星由中国空间技术研究院承担研制，以中国古代神话人物嫦娥命名，嫦娥奔月是一个在中国流传的古老的神话故事。中国首次月球探测工程"嫦娥"一号卫星是中国自主研制、发射的

"嫦娥"一号月球探测器

第一个月球探测器。"嫦娥"一号主要用于获取月球表面三维影像、分析月球表面有关物质元素的分布特点、探测月壤厚度、探测地月空间环境等。整个"奔月"过程大概需要 8 ～9 天。"嫦娥"一号将运行在距月球表面 200 千米的圆形极轨道上。"嫦娥"一号工作寿命 1 年，计划绕月飞行 1

年，执行任务后不再返回地球。"嫦娥"一号发射成功，中国成为世界第 5 个发射月球探测器的国家。

激光高度计

米×1.72 米×2.2 米的立方体，两侧各有一个太阳能电池帆板，完全展开后最大跨度达 18.1 米，重 2 350 千克。根据中国月球探测工程的四项科学任务，在"嫦娥"一号上搭载了 8 种 24 台件科学探测仪器，重 130 千克，即微波探测仪系统、γ 射线谱仪、X 射线谱仪、激光高度计、太阳高能粒子探测器、太阳风离子探测器、CCD 立体相机、干涉成像光谱仪。

"嫦娥"一号月球探测卫星由卫星平台和有效载荷两大部分组成。"嫦娥"一号卫星平台利用"东方红"三号卫星平台技术研制，由结构分系统、热控分系统、制导、导航与控制分系统、推进分系统、数据管理分系统、测控数传分系统、定向天线分系统和有效载荷等 9 个分系统组成。这

"嫦娥"一号是中国的首颗绕月人造卫星。"嫦娥"一号平台以中国已成熟的"东方红"三号卫星平台为基础进行研制，并充分继承"中国资源二号卫星"、"中巴地球资源卫星"等卫星的现有成熟技术和产品，进行适应性改造。所谓适应性改造就是在继承基础上的创新、突破一批关键技术。

"嫦娥"一号星体为一个 2

"嫦娥"一号月球探测卫星在西昌卫星发射中心由"长征"三号甲运载火箭发射升空

些分系统各司其职、协同工作，保证月球探测任务的顺利完成。卫星上的有效载荷用于完成对月球的科学探测和试验，其他分系统则为有效载荷正常工作提供支持、控制、指令和管理保证服务。

"嫦娥"一号的工程目标包括：研制、发射中国第一颗探月卫星；初步掌握绕月探测基本技术；开展月球科学探测；建设月球探测航天工程系统；为月球探测后续工程积累经验。"嫦娥"一号负担的任务包括4项科学任务：拍摄三维月球地形图；探测月球上特殊元素的分布；探测月球土壤厚度以及氦3的储量；探测距离地球40万千米的空间环境。"嫦娥"一号卫星主要用于获取月球表面三维影像、分析月球表面有关物质元素的分布特点、探测月壤厚度、探测地月空间环境等。

"嫦娥"一号在初样研制阶段，有电性星和结构星这两颗初样卫星承担卫星测试工作。电性星的试验主要是用于一

"嫦娥"一号发回的首张月球照片

些带有电子性能的设备的综合测试，结构星的试验主要是要考核结构设计的合理性，和整星上温度控制设计的合理性。两颗初样星进行整星测试。整个初样测试阶段持续到2007年6月份，随后进入卫星正样星的研制阶段，进行"嫦娥"一号正样卫星的研制。

为了保证完成月球探测工程任务，对承担卫星发射任务的"长征"三号甲火箭进行了41项可靠性的设计工作，以提高其运载可靠性。

北京时间2007年10月24日18时05分（UTC+8时）左右，"嫦娥"一号探测器从西昌卫星发射中心由"长征"三号甲运载火箭成功发射。卫星发射后，用8~9天时间完成调相轨道段、地月转移轨道段和环月轨道段飞行，经过8次变轨后，于11月7日正式进入工作轨道。11月18日卫星转为对月定向姿态，11月20日开始传回探测数据。

2007 年 11 月 26 日，中国国家航天局正式公布"嫦娥"一号卫星传回的第一幅月面图像。

知识点

"嫦娥"一号传回的月面图像

中国国家航天局于 2007 年 11 月 26 日，正式公布了"嫦娥"一号卫星传回的第一幅月面图像，这标志着中国首次月球探测工程取得成功。

这第一幅月面图像是由嫦娥一号卫星上的 CCD 立体相机获得的。CCD 相机采用线阵推扫的方式获取图像，轨道高度约 200 千米，每一轨的月面幅宽 60 千米，像元分辨率 120 米。

同年 12 月 11 日，中国国家航天局又公布了"嫦娥"一号卫星拍摄的月球背面部分区域影像图。其中包括以中国古人名字命名的"万户撞击坑"。包括正射影像图、数字高程模型图、色彩编码地形图。万户撞击坑位于月球背面南纬 9.8 度、西经 138.8 度区域，直径 52 千米，从地球上不能直接看到。

"阿波罗"的伟大功绩

ABOLUO DE WEIDA GONGJI

　　为了把人送上月球去，美国制订了"三部曲"式的计划，即："水星计划"、"双子星座计划"和"阿波罗计划"。每个计划都包括一系列的飞行，而每次飞行都比前一次的更复杂、更大胆和更加雄心勃勃。

　　"阿波罗"登月计划开始于 1961 年 5 月，至 1972 年 12 月第 6 次登月成功结束，历时约 11 年。

　　与以前人类探月工程相比，"阿波罗"登月计划是人类历史上一项规模最大、涉及领域最广、采用技术最新的伟大科学工程，集中表现了人类敢于探索、不畏艰险、勇于攀登的科学精神，是一项伟大的壮举。

　　"阿波罗"工程使人类千年的奔月梦想得到了实现，自此以后，在月球上观看日出、日没以及日冕等奇观不再是遥不可及的了。

大胆的计划，翔实的准备

　　在实现人类登月之前没有几年，一些空间科学家对于如何把人送上月球去，还各持不同意见。包括布朗在内的好几位著名火箭专家，倾向于这样的意见：首先发射 2 枚巨大的火箭到绕地球轨道上去，一枚由宇航员乘坐，另一枚主要携带供补充的燃料。在飞行中，2 枚火箭会合；宇航员们在得到足够的燃料之后，随后飞向月球。

美国宇航局的科学技术专家则认为，这样的方案太复杂，也太费钱，他们提出了一种直接、简单，同时也是更大胆的计划，叫它"绕月轨道会合"计划。他们建议先把"阿波罗"飞船发射到绕月轨道上去，从飞船分离出一个登月舱，它既能自己逐步降低高度，并最后安全地停留在月面上，又能把自己从月球上发射起来，让它与等待在绕月轨道上的指令舱会合。

方案经过论证，被认为是可行的，于是就诞生了建造登月舱的设想。登月舱的样子看起来有点奇怪，也显得稍有点笨拙，不过，美观是次要的，实用才是最重要的。整个船舱外面是 25 层厚的保护铝箔。此外，在一半舱面上，还有一个厚而坚硬的铝层；而在另一半上面，则是轻而薄的一层。这些厚度不同的隔热层，是为了防护极热和极冷的月面温度。与其说登月舱像个大机器，倒不如说它像个大虫子。登月舱的模样并非是其建造的目的，它主要考虑的是如何把那些灵敏而贵重的仪器保护好，更重要的是，不惜一切代价保护好宇航员。

"阿波罗" 10 号是在 1969 年 5 月 18 日发射的。"阿波罗" 8 号曾围绕月球旋转 8 圈，而"阿波罗" 10 号则被规定在 2 天半的时间里，绕月飞行 31 圈，最近距离月球表面大致只有 15 千米不到。它还配备着拍摄彩色图像用的摄像机，并对月球表面重力较小的现象进行各种实验。在月球轨道飞行 61 个多小时期间，它特意

"阿波罗" 10 号太空舱

近距离拍摄了"阿波罗" 11 号宇宙飞船将用做登月的地区。

"阿波罗"计划的出炉

在得悉苏联宇航员加加林进入太空的消息后，时任美国总统约翰·肯尼迪十分震惊，因为这表明苏联在航天技术上已领先美国一步。

为了迎接苏联人的太空挑战，美国政府决心不惜一切代价，重振昔日科技和军事领先的雄风。肯尼迪召集美国各有关部门头脑们商量对策，宣布："美国最终将第一个登上月球。"1961年5月25日，肯尼迪在题为"国家紧急需要"的特别咨文中，提出在10年内将美国人送上月球。他说："我认为整个国家的威望在此一举"。于是，美国宇航局制订了著名的"阿波罗"登月计划。

"阿波罗"11号成功登月

1969年7月17日上午9点半，拥进肯尼迪角发射场的成千上万的观众，以及世界各国更多的在电视机前的观众，都目不转睛地注视着矗立在发射架上的那枚高约110米的"土星"5号巨型火箭。在一阵突发的浓烟和耀眼火光的伴随下，"阿波罗"11号宇宙飞船带着3名宇航员首途赴月球。他们是指令长阿姆斯特朗，以及科林斯和奥尔德林。与他们一起升空的还有"哥伦比亚号"指令舱和登月舱——"鹰"。

7月16日，阿姆斯特朗和科林斯、奥尔德林一起走向发射区，他挥手致意

他们的飞行和在月球上的活动将成为人类历史的一个里程碑。

在飞船围绕月球转到第11圈的时候，穿着加压和密封宇航服的阿姆斯特朗和奥尔德林，尽管看起来有点臃肿和笨手笨脚，还是很顺利地从一处连接通道爬到了登月舱去，这时，只有科林斯一人继续留在指令舱里。一切准备停当之后，登月舱"鹰"与指令舱"哥伦比亚"脱离，开始向月球降落。

登月舱"鹰"

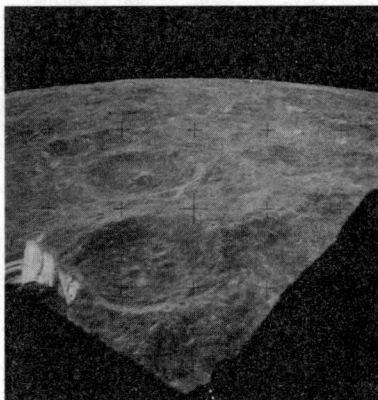

登月舱"鹰"降落前拍摄的登月点

1969 年 7 月 20 日美国东部时间下午 4 时 17 分（相当于北京时间 7 月 21 日早上 5 时 17 分），阿姆斯特朗从 38 万多千米以外的月球传回来了自己的声音："休斯敦，这里是静海。'鹰'已经着陆。" 6 个半小时之后，也就是比预定计划早约 4 个小时，阿姆斯特朗小心翼翼地把他的左脚踏在带点棕栗色的月球表面上，并宣称："这对个人来说是一小步，对人类来说是一大步。" 19 分钟之后，奥尔德林也踏上了月球，成为把自己脚印印在月面上的第二个人。

首位登月宇航员阿姆斯特朗

阿姆斯特朗踏上月球后
拍的第一张照片

奥尔德林正爬下悬梯准备月面行走

在月球重力很小的情况下，宇航服实际上并没多大重量，更不要说妨碍行走和活动了，两位宇航员在月面上像袋鼠般慢步跳跃。奥尔德林把月亮上的情景称作"绝妙的孤寂"。他们在月面活动期间共收集了 20 多千克的土壤和岩石标本，以便带回地球供科学家做实验。他们在月球上设立了一个小型"月震"仪，用来记录可能发生的月震，并把有关数据传回地球；还竖立起了一块反射镜，用来把从地球发射来的激光束反射回去；还立了和展开一面由很薄的铝箔做成的旗帜，旗帜冲着太阳，期望它能觉察到氖、氩、氦等化学元素的原子核的存在。

奥尔德林从登月舱上卸下实验仪器

奥尔德林把仪器搬到指定位置

"阿波罗" 12 号的任务

"阿波罗" 12 号成员

"阿波罗" 12 号载人登月飞行的计划和准备工作，几乎是与"阿波罗" 11 号同时进行的。三名宇航员是指令长康拉德，以及比恩，他们两人被指定进行月面活动；还有一位是戈登，他的任务是留在指令舱里，接应康拉德等。

1969 年 11 月 19 日美国东部时间晨前 1 时 54 分（北京时间同日 14 时 54 分），由康拉德和比恩组成的第二批月球探险队，几乎是准确地在预选的地区安全降落，降落点位于风暴洋，东距停在静海里的"阿波罗" 11 号 1 500 多千米，距离 1967 年 9 月发射到月球上去的无人驾驶宇宙飞船"勘测者 3 号"很近，走过去就可以了。为了研究月球环境对"勘测者 3 号"的作用和影响，取得第一手资料，他们卸下了它的一些部件并带回地球。

此外，他们还收集了 50 多千克的月球岩石和土壤标本，从获取地震信息的角度检查了些月球岩石。他们留在月球上的仪器设备有"第一座核动力科学实验站"，期望它能在一段时间里，把观测和收集到的信息和数据传回到地球上来。

"阿波罗" 12 号刚把在月球上采集到的各种标本带回来的时候，它们一点也没有引起人们的特别注

1969 年，"阿波罗" 12 号登月舱着陆月球

意，与以前带回来的相比也没有什么明显的区别。在用辐射计等检验之后，情况有所改变，科学家们发现其中一块柠檬般大小的月岩的辐射强度异乎寻常的大。进一步的研究表明，这块浅灰表面、不甚透明的白色结晶和带深灰条纹的月岩，其所含的铀、钍和钾等元素，竟然比其余月岩要高出20倍。由此而得出的结论是，这块月岩的年龄大约是46亿年，即比已在地球上发现的岩石的

"阿波罗" 12 号宇航员在检查 "勘测者" 3 号探测器，远处地平线上可以看到 "阿波罗" 12 号登月飞船

年龄都大。科学家们进一步认为，它是在太阳和太阳系天体开始形成的时候，也同时产生和形成了。

这是个极有价值的发现，其意义在于说明了在过去极其漫长的历史阶段里，月球表面经受的变化是很小很小的。

 知识点

"阿波罗" 13 号 "逃回" 地球

在 "阿波罗" 13 号飞船离地球约 33 万千米，到达目的地只剩下最后一段路程时，服务舱中存放液氧的箱子发生爆炸，把服务舱炸了一个大窟窿。不久，由于服务舱不断漏气，使飞船失去稳定，船身作不正常的滚动，舱内气压急剧下降。氧和水失去大半，严重地威胁着宇航员的生命安全。

首先必须采取的措施是使飞船稳定下来。为此，开动了小型的姿态控制火箭。服务舱遭到了严重的破坏，幸好指令舱和登月舱还完好，于是，登月舱的设备被用来救急。最后飞船是依靠登月舱的发动机、电源、氧和水等才得以飞回地球。当飞船抵达离月球只有 200 多千米时，宇航员启动登月舱的

下降发动机约 31 秒钟，使飞船暂时进入绕月球飞行的轨道。飞船转到了月球的另一侧之后，登月舱的发动机再次启动约 4 分半钟。就这样，"阿波罗" 13 号终于进入了返回地球的航程，并在返回过程中不断校正航向，"阿波罗" 13 号终于死里逃生回到地球。

"阿波罗" 14 号的工作

　　1971 年 1 月 31 日，"阿波罗" 14 号轰隆隆地起飞了，3 名宇航员是美国海军的谢泼德和米切尔，以及空军的罗塞。作为在月面上进行科学实验和活动的第 5 和第 6 位宇航员，他们分别在月面上各活动了 2 次，每次都在 4 小时以上。一辆特别设计的手推车使他们在崎岖不平的弗拉·摩洛地区走出了 5 千米，并收集到 50 来千克的月岩和土壤样品。

　　他们也在月球上装置了一座核动力科学实验站，竖立了激光反射器和测量太阳风的仪器。他们曾想攀登上一座高大环形山的顶端，但是没有能实现。

"阿波罗" 14 号宇航员埃德加·米切尔

"阿波罗" 15 号的收获

　　1971 年 7 月 26 日，"阿波罗" 15 号宇宙飞船发射成功，船组人员也是由 3 名宇航员组成，他们是斯科特（曾是"阿波罗" 9 号飞船船组成员）、欧文和沃登。斯科特和欧文乘坐的登月舱降落在雨海边缘、亚平宁山脉附近的一处叫哈德利沟的地方。沃登则一直滞留在绕月轨道的指令舱内，关注着登月舱的下降和上升，迎接斯科特等的归来。

此外，"阿波罗"15号第一次把一辆月球车带到了月球上。月球车重200多千克，靠蓄电池驱动。从它的模样和大小看起来，它很像是沙漠中的一个大甲虫。

由于装备上的改进，大大延长了宇航员们在月球上的停留时间。斯科特和欧文在月面的停留时间超过了66个小时，其间，他们3次走出登月舱，在月面上活动了

"阿波罗"15号

18小时以上，为"阿波罗"14号宇航员舱外活动时间的2倍多。月球车使他们在月面上的活动更加方便，他们总共行驶了28千米，收集到各类岩石和土壤标本70多千克。

宇航员们在哈德利地区活动的成果是丰硕的，他们收集到的标本之多，是前所未有的。月球车上装有一套电视摄像设备，它使地球上的人们随着月球车的活动，与宇航员们一起经历月球上的颠簸、险境，逼真地欣赏到月面的绮丽景色。宇航员们在哈德利沟地区附近，惊人地发现月球土壤是由好些层构成的，在一处深挖3米的地方，竟可以分出58层。说实在的，每一层都可以为我们讲述一段很精彩的月球演化历史。

"阿波罗"15号的月球车

"阿波罗"15号所获得的月震资料表明，在月球南半部第谷环形山以西、大致月面以下900来千米的深处，存在着一个震源。据推测，在那个深度，在一处袋形地区，集中着处于熔融状的岩浆，其直径至少有好几

十千米，正是由于它的活动而产生出月震。

在绕月轨道上指令舱内的沃登，也做了大量工作。他对月球作了目视观测和进行广泛的照相。在 100 多千米的高度上，他看到并报道了澄海东南边缘上的火山灰锥状地形。此外，他还发射了一个重约 35 千克的"孙卫星"，直到"阿波罗"15 号飞船船组人员返回地面很久之后，它还在不断地向地球发回所收集到的宝贵信息和数据。

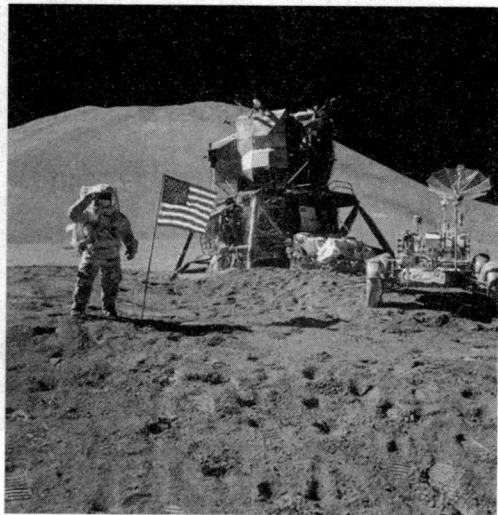

"阿波罗"15 号宇航员和美国国旗

知识点

月球车

月球车全名是"月球探测远程控制机器人"，是一种能够在月球表面行驶并完成月球探测、考察、收集和分析样品等复杂任务的专用车辆。

月球车分为两类，一类是无人驾驶月球车，另一类是有人驾驶月球车。无人驾驶月球车由轮式底盘和仪器舱组成，用太阳能电池和蓄电池联合供电。这类月球车的行驶是靠地面遥控指令。1970 年 11 月 17 日，苏联发射的"月球"17 号探测器把世界上第一台无人驾驶的月球车——"月球车"1 号送上月球。有人驾驶月球车是由宇航员驾驶在月面上行走的车。主要用于扩大宇航员的活动范围和减少宇航员的体力消耗。这类月球车的每个轮子各由一台发动机驱动，靠蓄电池提供动力，可向前、向后、转弯和爬坡。1971 年 9 月 30 日，美国"阿波罗"15 号飞船登上月球，两名宇航员驾驶月球车行驶了 27.9 千米。

"阿波罗" 16 号的收获

"阿波罗" 16 号飞船的 3 名宇航员是约翰·杨、杜克和马丁利。飞船于 1972 年 4 月 16 日发射成功,目的地是月球赤道附近的笛卡尔高地。据认为,这个高地的面貌在好多方面都与月背的情况颇相像。与"阿波罗" 15 号一样,这次飞行也带了一辆月球车供月面交通之用。

约翰·杨和杜克在月面上总共停留了 73 小时,其中在

"阿波罗" 16 号上的宇航员

"阿波罗" 16 号登月宇航员

舱外活动的时间为 20 小时又一刻钟,安装仪器设备,进行现场探测和收集标本。此外,高质量的月球车为宇航员们提供了良好的服务,是他们的好帮手,它带着宇航员在崎岖不平得厉害的月面上来回奔走了约 27 千米。

"阿波罗" 16 号飞船共收集了 95 千克左右的月球岩石和土壤,它们被送回地球之后都由科学家们作了仔细的观察、检验和分析。对 30 多个土壤样品进行分析的结果,发现它们的组成成

分中，碳占了很大比例。在这些样品以及早些时候采集的标本中，都发现了原始的有机物。但我们不能由此得出结论，说它们与地球上的生命起源有关。然而，进一步的分析和符合客观实际的科学推论，肯定会在这方面为我们提供重要信息，那就是：生命是怎样起源的。

"阿波罗" 17 号的收获

"阿波罗" 17 号宇宙飞船的发射，可以看做是美国空间探测计划一个阶段的结束。这次肩负探测任务的 3 名宇航员是：塞尔南、伊文思和施密特。与塞尔南一起踏上月面的施密特，是位职业地质学家，也是对月面进行实地考察的第一位专业科学家。他的专业知识是无可怀疑的：他从哈佛大学得到地质学博士学位，从加州理工学院得到科学学位；他一生从事地质学的教学和研究工作，并且还是早期宇航员们的地质学导师。

"阿波罗" 17 号宇航员

这最后的一艘飞船降落在澄海东南边缘附近的一处比较平坦的地方。这里是一处山谷中的平地，其南面是高 2 000 多米的山，此面的山较低，但也有 1 500 米左右。降落在静海里的第一艘载人登月飞船——"阿波罗" 11 号，就在它南面 700 多千米处。

"阿波罗" 17 号是在 1972 年 12 月 11 日发射的，5 天后抵达目的地。它也带了一辆月球车，是带到月球上去的第三辆月球车。这是一辆经过改进了的月球车，它可以用于记录月球表重力及其变化和测量月面的一些其他性质。宇航员们在月面的停留时间接近 75 小时，其间曾 3 次在登月舱外活动，每次都在 7 小时以上，使得在月面活动时间达到破纪录的 22 小时。宇航员们最远曾走到离降落点 7 多千米的地方。这也是前所未有的。月球车一共在月球上走了 37 千米的路程。

如果把比较完整的月球信息看做是一条锁链的话，那么在此之前的探测和研究已经获悉了这条锁链的一些环节，而还缺少另外一些环节。"阿波罗" 17 号的主要任务就是去寻找和补齐这些环节。为了完成这项任务，飞船携带了一些新的装备并计划进行一些更高

"阿波罗" 17 号宇航员在陨石坑旁

级的实验项目。宇航员们利用各种新的手段探查了月面以下深处的地层情况，测量了月球的重力，根据月震记录研究了月球的 "脉搏"，以及分析了大气中的气体成分。

伊文思在绕月轨道上也并不空闲，他忙于做各种实验。例如：用红外照相的办法测定月面温度及其变化；用雷达测定月面以下直到 1 千米多的深处的岩石分布情况，并制成比较直观的图；以及用各种可能的手段和方法绘制月球图。

"阿波罗" 17 号宇航员正挖掘月表面，采集岩石样品

"阿波罗" 17 号宇航员们在月球上的最有价值的发现之一，是月面的桔黄色土壤。有人认为这是由于火山爆发时喷出的挥发性气体以及氧化铁之类的物质。但进一步的检验发现，它的颜色主要来自它所含的 90% 以上的玻璃质，而并非来自铁。此外，月球土壤的年龄据测算约为 38 亿年，也许在此后的月球火山活动中，它只是没有结成板块而已。

1972 年 12 月 19 日，随着 "阿

月球岩石标本

"波罗"17号飞船在南太平洋安全溅落的"扑通"声，宣告了史无前例的"阿波罗"探月计划的结束。从第一批宇航员登上月球到这次溅落，总共历时3年半。不论从哪方面来看，整个探测工作仅仅只是开了个头，还只是"序曲"，大量的工作还等待着去做。对已经取得的大量资料进行分类、整理、编目、观察、分析、评价和再评价等等，也许会使科学家们忙上好几十年。举个例子来说，从月球带回来的381千克岩石和土壤标本样品，只有一部分得到了充分的检验和研究。总而言之，要解决那么多的月球难题，还需要相当时间。

知识点

"阿波罗"登月的两个内幕

内幕一：月球尘土气味像"火药"

当阿姆斯特朗和奥尔德林乘坐登月舱返回绕月球轨道运行的"阿波罗"11号飞船上后，他们脱下了宇航服上的头盔，这时他们突然闻到了一股强烈的怪异的气味。

阿姆斯特朗描述称，这股怪味有点像是"壁炉中被水浇湿的灰烬的气味"，而奥尔德林则形容这种怪味有点像"用过的火药气味"。事实上，他们闻到的是通过他们的太空靴靴底被带到飞船上的一点点月球尘土的气味。

内幕二：圆珠笔救了"登月任务"

尽管"阿波罗"11号登月任务表面看起来非常顺利和成功，但鲜为人知的是，因为"鹰"号登月舱的一个潜在故障，曾差点儿令登月宇航员永远被困在月球上。

据悉，"鹰"号登月舱准备飞离月球表面时，竟然只剩下一个引擎可以工作，发动登月舱引擎的电路开关也失灵了。在一切尝试都无效果后，奥尔德林作出了一个最后的努力。他拿起一支旧圆珠笔，将圆珠笔顶端的铜芯卡进了电路中，令人难以置信的是，引擎启动了。一支旧圆珠笔挽救了"阿波罗"11号的"登月任务"！

不和谐之声——"阴谋论"

自"阿波罗"11号的两名美国宇航员登上月球以来，随着"阿波罗"计划的进展，总有一股质疑"阿波罗"载人登月的"阴谋论"声音在广为流传，乃至甚嚣尘上。"阴谋论"列举了大量的"证据"，认为"阿波罗"11号登月事件纯属弥天大谎，完全是美国宇航局的阴谋；"阿波罗"11号飞船中的宇航员从未登陆月球，宇航员登陆月球的照片是在美国内华达州沙漠中被称为"梦幻之地"的军事禁区"51区"拍摄的，或者是在摄影棚中拍摄伪造的。美国人比尔·凯信出版了一本书《我们从未到过月球》，列举了大量的怀疑论调。通过媒体的炒作，1979年约有6%的美国公众相信"阴谋论"，1999年为11%，如今竟然上升到22%（约6000万人）。随着"阴谋

登月舱的梯子和底座留在了月球上，上面有一块阿姆斯特朗、科林斯、奥尔德林和尼克松总统签字的纪念标牌。上面写道："公元1969年7月，地球人首先在这里踏上月球。我们为全人类的和平到来。"

论"在网络上传播，各国的信徒也愈来愈多。

"阿波罗"登月"阴谋论"的提出者"仔细鉴定"美国宇航局公布的登月录像和照片后，发现了许多无法解释，甚至自相矛盾的漏洞，典型的"论据"有：

1. 宇航员插在月面的美国国旗"迎风招展"

阿姆斯特朗与美国国旗的合影

在录像片中，宇航员插在月球土壤中的美国国旗表面不太平整，边缘略有卷曲，并且看上去一直在"迎风招展"。他们质疑，月球表面的大气压为地球大气压的 $1/1014$，处于超高真空状态，不可能有风。旗帜迎风招展不可能在月球上发生，只能是在摄影棚里拍摄。

实际上，宇航员带上月球的是一面塑料制成的美国国旗，由于旗杆太长，"阿波罗"飞船的舱内不能放置，只好卷起来绑到着陆舱的腿上。宇航员走出着陆舱后，取下旗杆，将横杆拉开，国旗像撑伞一样张开，但不平整，边缘略有卷曲。宇航员用力握住竖杆插入月球土壤中，松开后旗杆晃动，带动旗帜摆动，成为"迎风招展"的旗帜。由于月球表面是超高真空，没有空气介质造成的阻力，振动的旗杆可以较长时间摆动，这恰好证明美国国旗是插在超高真空的月球表面。

2. 漆黑的天空没有明亮的星星

月球没有大气层，没有空气介质对光的散射，天空是漆黑的，但天空中的星星应该是明亮的。而美国宇航局提供的全部照片和录像片只能看到漆黑的夜空，看不到一颗星星。"阴谋论"者认为，很显然，全部的照片和录像片不是在月球上拍摄的，而是在摄影棚内伪造的。

实际上，当时宇航员在月面拍摄的漆黑天空是使用胶片拍摄的，由于白天月球表面对太阳光的反射很强，在月面强光源的背景下，拍摄照片时曝光时间必须很短，所以就不可能拍摄到天空中的星星。这看不到一颗星星的漆黑天空，正是在月面拍摄的有力证据。

3. 宇航员在登月舱附近出现多个影子

"阴谋论"者提出，月球表面只有一个光源——太阳，但宇航员却出现了多个影子，说明是在摄影棚的灯光下拍摄的。事实上，登月舱的外形是极不平整的多面体，月面也是凹凸不平的。因此，登月舱和月面对太阳光的反射是多方向的，既有多个方向的镜面反射，又有月面的漫反射，因而使宇航员出现多个影子，这正说明照片是在月球表面拍摄的。同理还可以解释，为什么宇航员在登月舱的阴影里，但其身上的宇航服却仍然是明亮的；为什么宇

宇航员在月球上行走

航员走下舷梯时，太阳明明是从他背后照过来的，但他的前胸却是明亮的等等所谓的"怪异"现象。

4. 2007年发射的"月亮女神"探测器没有发现"阿波罗"登月的痕迹

最近，"阴谋论"者更是获得了"铁证"。他们提出，2007年发射的日本月球探测卫星"月亮女神"探测器在经过"阿波罗"15号和17号着陆区的上空时，没有发现"阿波罗"15号和17号遗留在月面上的月球车和着陆器，也没有发现任何人为活动的痕迹，证明"阿波罗"15号和17号飞船根本没有登陆过月球。这篇报道经各大媒体竞相传播，闹得沸沸扬扬，一时间舆论

一边倒地认同"阿波罗"载人登月是一个"阴谋"。美国宇航局的新闻发言人在回答媒体提问时说，"月亮女神"在"阿波罗"着陆区发现的一些黑色的斑块，就是人为活动的痕迹。但这种含糊其辞的回答显得苍白无力，无法平息怒涛般的质疑声。

日本宇航局公布的"月亮女神"拍摄的"阿波罗"17 号登月点 3D 照片

大家知道，日本的绕月探测卫星"月亮女神"号是一箭三星，包括 1 颗主卫星和 2 颗子卫星，主卫星被命名为"辉夜姬"（日本古代传说中的月亮女神，类似于中国神话传说中的嫦娥），2 颗子卫星分别以辉夜姬在人间的养父母"翁"和"妪"命名。拍摄照片的是主卫星"辉夜姬"，飞行轨道高度为 100 千米，但卫星上的 CCD 相机的空间分辨率为 10 多米，至少要大于50 ~ 60 米的月面物体才能在照片上分辨出来。而"阿波

美国的登月车没在月球表面留下车辙痕迹

罗"15号和17号的着陆器和月球车大小约为2～3米,"辉夜姬"的照片上根本不可能显示出月球车和着陆器的痕迹。

"阴谋论"的制造者认为,"阿波罗"载人登月完全是伪造的,是20世纪最大的科学骗局。他们认为,美国宇航局之所以要制造谎言,欺骗公众,目的是制造假象,一举击败苏联;另外一个目的是转移美国公众的注意力,掩盖"阿波罗"计划耗资巨大但仍陷入失败的困境。但可惜

地球升起(从月球上看)

的是,"阿波罗"载人登月"阴谋论"所列举的"科学论据"却是如此地不堪一击,不值一驳,有些还显得比较低级和庸俗。略对月球有所了解的公众,通过认真思考完全可以解释清楚。

假如美国宇航局长期制造骗局,怎样才能控制参与"阿波罗"计划的2万家企业、200多所大学、80几个研究所和40余万科技人员来共同维护这个

日"哥伦比亚"指挥舱降落在太平洋之后,蛙人准备打开舱门

骗局长达40年之久？又怎样才能使苏联的克格勃间谍长久保持沉默而不予揭穿？何况全世界许多国家的科学家（包括中国）都研究过"阿波罗"宇航员采集的月球样品，却没有一位科学家站出来质疑，而唯有"阴谋论"者喋喋不休地鼓噪呢？

也许，"阿波罗"载人登月"阴谋论"的制造者在制造另一个"阴谋"，他们不断提出一些似是而非的"论据"，广为传播，制造一轮又一轮跌宕起伏的高潮，吊着公众的胃口，引发公众对科学的兴趣，让公众在时隔40年之后的今天仍热度不减地关注"阿波罗"登月，关注美国的科学进步，从而提高公众的科学判断能力。也许他们是以一种别致的、巧妙的、积极的方式长久地宣传美国载人登月的伟大成就。

指挥舱开动发动机离开绕月轨道返航，这是期间从"哥伦比亚"指挥舱上看到的月球